Natacha Lescaille Elias
Marco Antonio Parra Herrera

Condiciones de Trabajo y Salud de los trabajadores

Natacha Lescaille Elias
Marco Antonio Parra Herrera

Condiciones de Trabajo y Salud de los trabajadores

Empresa de Proyecto y Diseño de la Agricultura en la Habana

Editorial Académica Española

Imprint
Any brand names and product names mentioned in this book are subject to trademark, brand or patent protection and are trademarks or registered trademarks of their respective holders. The use of brand names, product names, common names, trade names, product descriptions etc. even without a particular marking in this work is in no way to be construed to mean that such names may be regarded as unrestricted in respect of trademark and brand protection legislation and could thus be used by anyone.

Cover image: www.ingimage.com

Publisher:
Editorial Académica Española
is a trademark of
Dodo Books Indian Ocean Ltd. and OmniScriptum S.R.L publishing group

120 High Road, East Finchley, London, N2 9ED, United Kingdom
Str. Armeneasca 28/1, office 1, Chisinau MD-2012, Republic of Moldova, Europe
Managing Directors: Ieva Konstantinova, Victoria Ursu
info@omniscriptum.com

Printed at: see last page
ISBN: 978-620-8-82661-1

ENCUESTA DE CONDICIONES DE TRABAJO Y SALUD. EMPRESA DE PROYECTO Y DISEÑO DE LA AGRICULTURA

Autores:

Dr. C. Natacha Lescaille Elias. Licenciada en Tecnología de la Salud, especializada en Imagenología. Máster en Ciencias de la Educación, mención Enseñanza Técnica y Profesional. Doctora en Ciencias de la Educación Médica. Investigadora Agregada. Profesora Titular. Decana de la Facultad de Tecnología de la Salud. Universidad de Ciencias Médicas de La Habana. La Habana. Cuba Correo electrónico: nlescaille@infomed.sld.cu

Lic. Marcos Antonio Parra Herrera. Licenciado en Tecnología de la Salud, especializado en Imagenología. Máster en Ciencias en Salud Ocupacional. Empresa Nacional de Proyecto y Diseño de la Agricultura (ENPA), Ministerio de la Agricultura. La Habana. Cuba. Correo electrónico: sst@enpa.minag.cu

La Habana, 2025

SÍNTESIS

La salud laboral depende de las condiciones de trabajo y del medio ambiente, lo que se expresa en la salud de los trabajadores y facilitan mayor seguridad. La investigación desarrollada fue durante el período de mayo del 2022- marzo del 2024, con el objetivo de aplicar una encuesta para conocer las condiciones de trabajo y salud en la Empresa de Proyecto y Diseño de la Agricultura (ENPA) en La Habana. Mediante la aplicación de métodos del nivel teórico para el análisis del objeto de estudio y del nivel empírico para la valoración de las potencialidades e insuficiencias existentes en cuanto a las condiciones de trabajo y salud, las que se consideran beneficiosas para el cuidado de la salud y el bienestar de los trabajadores. Los resultados obtenidos se lograron, mediante la aplicación de una encuesta que permitió conocer los criterios emitidos por los trabajadores sobre las condiciones de trabajo y salud en la Empresa de Proyecto y Diseño de la Agricultura (ENPA) en La Habana. Según los resultados expresados consideran que la encuesta es pertinente por la información brindada y es viable para su socialización e implementación en otros contextos similares.

ÍNDICE O TABLA DE CONTENIDOS

INTRODUCCIÓN

En la actualidad se cuenta con la experiencia de otros países en aplicaciones de encuestas a los trabajadores, entre las cuales se destaca la Unión Europea que han llevado a cabo encuestas sobre condiciones de trabajo. La Fundación Europea para la Mejora de las Condiciones de Vida y de Trabajo, que tiene sede en Dublín, es una agencia autónoma, en cuya Junta Directiva participan representantes de los empleadores, trabajadores y gobiernos, lleva a cabo la Encuesta Europea de Condiciones de Trabajo cada cinco años desde 1990; el cuestionario de encuesta se ha expandido de 20 preguntas en la primera edición a cerca de 100 preguntas principales y secundarias ya desde el 2005, aunque se han conservado las preguntas clave con el fin de poder observar tendencias. Los aspectos cubiertos en la encuesta incluyen la duración de la jornada y la organización del trabajo, el salario, los riesgos y los resultados de salud relacionados con el trabajo y el acceso a la capacitación. (1)

Las encuestas nacionales realizadas de este tipo tienen como objetivo monitorear la salud mediante la colección y análisis de datos sobre un amplio espectro de tópicos de salud y sus determinantes, es decir se obtiene una "fotografía" exhaustiva de las condiciones de trabajo. Es una fortaleza los estudios de este tipo para describir las características de la salud, en el marco de las condiciones de trabajo. Otro objetivo que se alcanza con la investigación es identificar la relación con la ocupación, género y edad del trabajador, así permitirá orientar el proceso de toma de decisiones vinculadas con el mejoramiento de las condiciones de salud y trabajo en el país. La investigación contribuirá, además, al conocimiento del conjunto de variables y factores que definen las condiciones de salud y trabajo de la población trabajadora.

Al implementar en el 2001 el Modelo de Encuesta Nacional diseñada por el Dr.C. Román(2) para la evaluación de las Condiciones de Trabajo y Salud se derivaron los siguientes beneficios, los que se consideran antecedentes:

- Desarrollo de una metodología general sobre condiciones de trabajo y salud adaptada a las condiciones del país.
- Experiencia profesional desde la institución, y sus profesionales, sobre el diseño y la ejecución de investigaciones sobre el tema de las Condiciones de Trabajo y Salud de los trabajadores.

- Información y experiencia metodológica de interés para otros países.
- Lograr una base de información en salud laboral con un alto nivel de calidad que sea comparable con el obtenido por los países más desarrollados.
- Conocimiento útil para el planeamiento del desarrollo económico y social.
- Complementación de la información sociodemográfica y epidemiológica del país.
- Referencia confiable para proyecciones de la atención médica, la normación higiénica, el planeamiento de las investigaciones y la formación de recursos humanos en el campo de la Salud Ocupacional.
- Conocimiento sobre las variaciones en los factores de riesgo laboral y el estado de salud de los trabajadores del país.

Se debe tener en cuenta que las condiciones de trabajo en las empresas juegan un papel determinante en el día a día de los trabajadores. Al garantizar unas buenas condiciones de trabajo se obtendrá importantes beneficios para los trabajadores, pero también muchas ventajas para la empresa, puesto que las condiciones laborales constituyen el factor clave para que una persona decida trabajar en una empresa o en otra.

Además, se consideran como un conjunto de factores que pueden afectar de manera negativa la salud de los trabajadores, si se analiza que el entorno de trabajo, el horario laboral, el salario, las vacaciones y el equilibrio entre el trabajo y la vida personal son factores que forman parte de las condiciones laborales. Garantizar, buenas condiciones laborales ofrece múltiples beneficios tanto a la empresa como a sus trabajadores, reflejado en el convenio colectivo de trabajo, donde se regulan las condiciones laborales correspondientes.

Sin embargo, la experiencia del autor de más de 22 años como Tecnólogo de la Salud y 17 años de especialista de Seguridad y Salud en el Trabajo, en la Empresa de Proyecto y Diseño de la Agricultura (ENPA) del Ministerio de la Agricultura, le permitió concretar la siguiente situación problemática: Insuficiente conocimiento de los directivos sobre las condiciones laborales y de salud, en la Empresa de Proyecto y Diseño de la Agricultura (ENPA) en La

Habana. Estos antecedentes y la búsqueda de información del autor le permiten identificar el siguiente Problema Científico: ¿Cómo aportar los resultados obtenidos sobre las condiciones de trabajo y de salud, en la Empresa de Proyecto y Diseño de la Agricultura (ENPA) en La Habana, mediante la aplicación de una encuesta a los trabajadores?

Preguntas Científicas.

1) ¿Qué fundamentos teóricos sustentan la aplicación de una encuesta a los trabajadores sobre las condiciones de trabajo y salud, en la Empresa de Proyecto y Diseño de la Agricultura (ENPA) en La Habana?

2) ¿Cuál será la situación actual y los resultados obtenidos en la aplicación de una encuesta a los trabajadores sobre las condiciones de trabajo en la Empresa de Proyecto y Diseño de la Agricultura(ENPA) en La Habana?

El compromiso del investigador se presenta en el siguiente Objetivo General: Aplicar una encuesta sobre las condiciones de trabajo y salud, en la Empresa de Proyecto y Diseño de la Agricultura (ENPA) en La Habana.

Objetiv os es pecífic os

1) Identificar los fundamentos teóricos que sustentan la aplicación de una encuesta a los trabajadores sobre las condiciones de trabajo y salud, en la Empresa de Proyecto y Diseño de la Agricultura(ENPA) en La Habana.

2) Describir la situación actual, mediante los resultados obtenidos en la aplicación de una encuesta a los trabajadores de la Empresa de Proyecto y Diseño de la Agricultura(ENPA) en La Habana, sobre condiciones de trabajo y salud.

CAPITULO I: FUNDAMENTOS TEÓRICOS QUE SUSTENTAN LA APLICACIÓN DE UNA ENCUESTA PARA LA EVALUACIÓN DE LAS CONDICIONES DE TRABAJO Y SALUD, EN LA EMPRESA DE PROYECTO Y DISEÑO DEL MINISTERIO DE LA AGRICULTURA(ENPA) EN LA HABANA

1.1- Condiciones de Trabajo desde la perspectiv a laboral

La Organización Internacional del Trabajo expresa que las condiciones laborales representan elementos tales como salario, participación de los colaboradores, misión de la fuerza de trabajo, servicios sociales, ergonomía, tecnología implicada, organización, servicios asistenciales, tiempo de trabajo y contenido. En la actualidad es relevante conocer la situación de los trabajadores, para incidir en su adecuada disposición y lograr de ellos los resultados que se esperan en sus puestos de trabajo y funciones a cumplir, conocer donde las personas realizan sus labores es un asunto de mayor interés, no solo para los empleadores sino para la sociedad en cuestión.

El desarrollo del género humano ha mantenido una estrecha relación con el trabajo, puesto que lo dignifica, así permite que éste se sienta útil y productivo. Para que el hombre sea capaz de ejercer las funciones de trabajo que le corresponden, además de estar capacitado para cumplirlas profesionalmente debe contar con las condiciones de trabajo adecuadas para lograr un buen desempeño laboral.

Las condiciones de trabajo han sido estudiadas por varios autores, por ello, Castillo, J. y Prieto, C. (1990), plantearon que no sólo son la higiene, la seguridad, los aspectos físicos, sino también determinan estas condiciones los aspectos psíquicos. [(3)] Castillo, J. y Villena, J. (1998) refieren que las condiciones de trabajo se muestran como "el conjunto de factores que determinan la conducta del trabajador". [(4)].

Sin embargo, el motivo principal por el cual estas condiciones cumplen un rol tan importante en la organización del trabajo, es que están muy relacionadas con el bienestar de los trabajadores, con la seguridad y con su salud.

Tenezaca y Villa (2018) resaltaron la importancia que tiene las condiciones de trabajo y de la salud, en las que realizan sus faenas los trabajadores expuestos a procesos peligrosos. [(5)]

Carcua, Carvajal y Hernández (2017) realizaron una investigación sobre las condiciones de trabajo y su repercusión en la salud de los trabajadores; tomando una población vulnerable, ratificando que las condiciones laborales en el campo de trabajo son importantes para el progreso de la comunidad, el no abordarlo lleva a que las poblaciones tengan una economía cambiante y obstaculiza su desarrollo personal y familiar. [(6)]

Sin embargo, Mercado (2015) en su estudio mide la satisfacción laboral, con el fin de conocer las condiciones en las que desarrollan la actividad laboral los trabajadores.[(7)]Más tarde, Capcha (2019) estudió la salud y estilo de vida en los trabajadores que laboraban en tres empresas de transportes, y se consideraron como inadecuada las condiciones de trabajo y salud[(8)] y García (2018) describió las condiciones laborales de los trabajadores de limpieza, llegando a la conclusión que las condiciones ambientales son deficientes.[(9)]

Diversas literaturas científicas han abordado el efecto que tiene las condiciones laborales sobre el bienestar de los trabajadores que se desempeñan en cualquier escenario laboral.

Las condiciones de trabajo según Nicolaci (2008), no resultan ser adecuadas cuando los elementos impactan de forma negativa sobre el trabajador, si solo uno de estos acciona de un modo nocivo hacia él, se estaría generando un ambiente que puede ser asignado como grave y requiere de toda la vigilancia para estudiarla y tomar las medidas correctivas. [(10)]

Para Martínez, Oviedo y Luna (2013), consideran que las condiciones de trabajo se tratan de situaciones, cualidades, instituciones, política, ecológicas, materiales, etc., mediante el cual se fortalecen las relaciones laborales [(11)] y algo necesario resaltaron Mallma, Rivera, Rodas y Farro en el mismo año, que las empresas están afectando las condiciones de trabajo al buscar la intensificación de trabajos, mayores jornadas laborales, precarización del empleo, entre otros factores. Estas iniciativas contribuyen al crecimiento de la empresa, pero ese crecimiento no se refleja en el bienestar.(12)

Según la Organización Internacional del Trabajo (2014), define que las condiciones de trabajo consisten en una visión generalizada de la asociación de la persona con su entorno social, cultural y físico, con su calidad de vida. Asumen que los accidentes laborales y enfermedades profesionales son consecuencias de condiciones de trabajos deplorables que exponen a factores de riesgo en el área donde un trabajador realiza sus labores.(13)

De acuerdo a Urrego (2016), las condiciones laborales adecuadas deben caracterizarse por buscar el bienestar de los trabajadores comprendiendo las buenas relaciones individuales, eficiente organización, aspecto físico, salud emocional que busque el bienestar social.(14)

El autor con los referentes teóricos anteriores define que, en la Empresa de Proyecto y Diseño de la Agricultura en la Habana las condiciones laborales de los trabajadores son vistas como aquellos factores que determinan el escenario en el que un trabajador desarrolla sus actividades sin peligro, que en algún momento puedan ocasionar efectos directos en su integridad física.

1.2- El riesgo laboral. Factor determina nte en las Condiciones de Trabajo óptimas

Por lo que existen riesgos que afectan las condiciones laborales y para eso Ron, M. Hernández R, E. y Hernández R, JS propusieron una evaluación ergonómica de actividades en una unidad de procesamiento logístico donde afirmaron que poseen un factor de riesgo importante para el desarrollo de los trastornos musculo esqueléticos, donde se evidencia que las dolencias manifestadas por los trabajadores pueden estar relacionadas con la manipulación manual de cargas y posturas incomodas presentes en la realización de estas actividades. Es importante recalcar que en estos casos la estrategia intervención deben combinarse con capacitación y gestiones relacionadas con la salud y la seguridad en el trabajo, para así, obtener los resultados deseados por la organización y garantizar la calidad de vida de los trabajadores. (15)

La seguridad y la salud en el trabajo han sido abordadas en nuestro país desde diferentes aristas, siendo los aspectos más trascendentales lo concerniente a: exposición a riesgos laborales, el estudio delos accidentes de trabajo, el ambiente laboral y la morbilidad laboral temporal. [15] El tema fue tratado en el periodo comprendido entre 1984-2006, por los autores Céspedes S, G. y Martínez C, JM. (2015) que permitió comprender los importantes aportes dados a la seguridad y salud ocupacional, laboral o del trabajo, pero no se propusieron como objetivo directo el análisis de los sistemas de gestión de la seguridad y salud en el trabajo (SGSST), sino que abordaron esta temática desde otras aristas. [16]

Por su parte, Hernández Miranda[17] y Santana Pascual[18]en sus tesis de maestrías, hacen una propuesta de diseño e implementación de un sistema integrado de la calidad, dentro de la cual tocan de manera sucinta lo referente a la seguridad y salud en el trabajo como parte de ese sistema integrado que proponen.

En otro orden, Rojas Casas plantea una metodología para el cálculo de los accidentes de trabajo que facilitará un mayor control estadístico sobre los mismos en la industria azucarera de Holguín; por último, se encuentra la tesis doctoral de Velázquez Zaldívar en la que alude a un modelo de mejora continua para la gestión de la seguridad e higiene ocupacional, con base fundamentalmente en la industria alimenticia.[19]

El autor de la investigación pretende analizar aquellos factores que pueden tener una influencia negativa en la salud y que aparecen de igual forma o modificada y se consideran como riesgo ocupacional y que se encuentra presente en el ambiente de trabajo.[20]

Dentro de ellos se encuentran los Riesgos Físicos, que incluyen el ruido, las vibraciones, el ambiente térmico y las radiaciones. El ruido es el más frecuente, las personas expuestas a altos niveles de ruido además de sufrir pérdidas de su capacidad auditiva pueden llegar incluso a la sordera. El nivel del ruido se mide en decibelios, y así por ejemplo para mantener una conversación a distancia normal, el nivel de ruido debe estar comprendido entre 60 y 70 decibelios. La lesión auditiva no sólo depende de lo que se está expuestos en el ámbito profesional, sino también tiene mucho que ver si nos exponemos al ruido en nuestra vida privada. Además, el ruido también puede afectar al sistema circulatorio y producir taquicardias y aumento de la presión sanguínea, o bien disminuir la actividad de los órganos digestivos y acelerar el metabolismo y el ritmo respiratorio entre otros.

Todos los trastornos pueden dar lugar a accidentes. Se recomienda tener presentes los ruidos de más de 90 decibelios como posibles causantes de enfermedad profesional y los ruidos de impacto o instantáneos de más de 130 decibelios como causantes de accidentes auditivos, según el Real Decreto 286/2006 sobre ruido laboral. Las acciones preventivas a llevar a cabo dependerán de los niveles de decibelios. Se puede prevenir los efectos del ruido adoptando medidas preventivas y reduciendo el nivel que llega al oído; si esto no fuera posible se puede utilizar equipos de seguridad personal como son los tapones o las orejeras.(21)

La iluminación es otro factor a tener en cuenta dentro del medio ambiente laboral. Condiciona la calidad de vida y determina las condiciones de trabajo en que se desarrolla la actividad laboral y, sin embargo, no se le da la importancia que tiene. Para tener una buena iluminación hay que tener en cuenta: el tamaño del objeto de trabajo ya que es un factor determinante para su visibilidad; cuanto más cerca este más fácil será su visión; el contraste, la falta de contraste puede provocar fatiga en trabajos que requieran una atención cuidadosa; los reflejos que pueden provocar deslumbramientos lo cual dificulta la tarea del ojo y producen fatigas visuales. Como medidas preventivas se debe evitar que la iluminación incida directamente, colocando cortinas o persianas, que la intensidad sea adecuada al tipo de actividad, la localización de las luminarias y combatir luz artificial con luz natural.(21)

Las Vibraciones como riesgos se observa cuando el cuerpo humano está en contacto con un dispositivo mecánico que genera vibraciones, la transmisión de energía mecánica al organismo desplaza una cierta cantidad de masa muscular, huesos, etc. sobre su posición estacionaria de referencia. Esta transferencia de energía mecánica origina una serie de efectos negativos sobre el cuerpo humano y al mismo tiempo produce ruido, factor que influye negativamente en el área laboral cercana. [21]

Otros riesgos físicos lo constituyen las quemaduras, provenientes del contacto con temperaturas extremas como la falta de aislamiento o protección que pudieran causar contacto directo con agentes líquidos, sólidos o gases, los incendios por fugas o derrames de productos y por la mezcla de productos inflamables.[20]

Al igual que las radiaciones electromagnéticas son factores negativos (radiaciones ionizantes, térmicas, lumínicas, láser, microondas); los golpes y los contactos con corrientes eléctricas, estos últimos son derivados de las explosiones accidentales o descargas eléctricas, debido a ausencias de conexiones a tierra, herramientas inadecuadas, falta de procedimiento, falta o defecto de romper circuito; y aislamiento defectuoso, insuficiente o a su ausencia.[20]

El Riesgo Químico, es otro factor importante, ya que es todo aquello constituido por sustancias o materiales químicos tóxicos y que en concentraciones y tiempo de exposición mayores que los permisibles, pueden causar daños a la salud del trabajador (intoxicaciones, dermatosis, quemaduras por inhalación, entre otros. El reciente avance tecnológico de la industria moderna ha incrementado mucho el peligro potencial de los polvos, emanaciones y gases.

A pesar de la generalización del empleo de los aparatos de captación de los vapores y polvo nocivos, es necesario en numerosos trabajos, utilizar dispositivos individuales de protección de las vías respiratorias. Los dispositivos protectores de respiración han de adquirirse para situaciones de emergencias o no emergentes. Los dispositivos respiratorios obligan a mantener una serie de regímenes de mantenimiento muy exigente ya que su mecánica lo exige.[20]

El Riesgo Biológico, se manifiesta cuando un trabajador sufre un daño como consecuencia de la exposición o contacto con agentes biológicos durante la realización de su actividad laboral. Se incluye aquí las enfermedades transmitidas por vectores, además de las plantas, los animales silvestres y los insectos venenosos. Según la Organización Mundial del Trabajo (1984), el riesgo bilógico se aprecia con la existencia de enfermedades causadas por microorganismos patógenos que pueden ser transmitidos entre humanos o desde los animales a los humanos, por diferentes métodos. [22]

Las actividades laborales más frecuentes de contaminación biológica son: hospitales, laboratorios, industria farmacéutica, agricultura y ganadería, tratamiento de aguas residuales, limpieza urbana, mataderos, industria alimentaria, industria de la lana y derivados, industria del curtido, industria del algodón, entre otras. Lo que confirma, que el riesgo biológico es el factor principal que contribuye a la accidentalidad laboral en el personal de salud, tales se encuentran en exposición continua durante el cumplimiento de sus actividades laborales generando un alto riesgo de contagio con patógenos como HIV, hepatitis C, hepatitis B y otros. Los accidentes y el control a la exposición frente a riesgos biológicos se previenen utilizando elementos de barrera y protección personal, como guantes, mascarillas, antiparras, batas y cualquier otro elemento, incluyendo vacunas; señalado en el procedimiento de trabajo seguro elaborado por la entidad.

El Riesgo Mecánico, es otro tipo de riesgo laboral, que se evidencia con la presencia de un conjunto de factores físicos que pueden dar lugar a una lesión por la acción mecánica de elementos de máquinas, herramientas, piezas a trabajar o materiales proyectados, sólidos o fluidos. Las formas elementales del peligro mecánico son principalmente: aplastamiento; cizallamiento; corte; enganche; atrapamiento o arrastre; impacto; perforación o punzonamiento; fricción o abrasión; proyección de sólidos o fluidos. Se da a partir del número de accidentes e incidentes mecánicos presentados en cada área o labor con el fin de corroborar la eficacia de los controles implementados.

Mantener el orden y limpieza de los lugares de trabajo, es vital para prevenir los riesgos mecánicos, así, se evita tropezones, caídas y accidentes. Además, tener en cuenta el funcionamiento adecuado de las máquinas y equipamientos, para que noentorpezca los movimientos de la misma. Notificar rápidamente cualquier desperfecto, avería o mal funcionamiento.

Existe también, los RiesgosAmbientales, los que se producen, derivado de las actividades productivas de la sociedad, un daño al medio ambiente del cual depende la vida; y un riesgo sanitario-ambiental es cuando existe la probabilidad de que por exposición ambiental a factores químicos, físicos o biológicos se puedan producir.

Los peligros ambientales también pueden clasificarse en tres categorías interrelacionadas (biológica, química y física) en función de las propiedades de sus causas. Estas categorías no son mutuamente excluyentes con los peligros tradicionales versus los modernos.

Según el informe de la Organización Mundial del Trabajo (1984), los factores de riesgo ambientales, como la contaminación del aire, el agua y el suelo, la exposición a los productos químicos, el cambio climático y la radiación ultravioleta, contribuyen a más de 100 enfermedades o traumatismos.[23]

Al profundizar los factores de riesgo laboral resulta imprescindible realizar un análisis de las condiciones de trabajo para observar si existen riegos ergonómicos, los que se tendrán que evaluar y tras su evaluación determinar qué medidas se pueden adoptar para eliminarlos.[21] La Ergonomía según Gutiérrez (2001) se puede definir como "la disciplina científica que se ocupa de la comprensión fundamental de las interacciones entre los seres humanos y el resto de los componentes del sistema", existiendo tres ámbitos importantes de ergonomía: la física, la cognitiva y la organizativa.[24]

La Ergonomía Física, estudia los trastornos que pueden dar lugar el trabajo y los límites de la actividad laboral humana; es decir se trata de evitar que se produzcan desajustes entre las capacidades físicas que tienen las personas y las exigencias que se dan para ejecutar de forma manual la actividad que corresponda, ella se define según Gutiérrez (2001) como "el estudio de la interacción física de los trabajadores con sus herramientas, máquinas y materiales con el fin de mejorar la ejecución de la tarea a través de dichos trabajadores al tiempo que se minimiza el riesgo de trastornos músculo-esqueléticos".[24]

La Ergonomía Cognitiva, trata del poder realizar la tarea una persona que tiene que percibir los estímulos del ambiente, recibir información de otras personas, decidir qué acciones son las apropiadas, llevar a cabo dichas acciones, transmitir información a otras personas para que puedan realizar sus tareas. Una interacción negativa entre los factores humanos propios del trabajador y las condiciones de trabajo pueden dar lugar a trastornos emocionales, problemas en sus comportamientos entre otros y esto puede ocasionar enfermedades mentales y físicas.[24]

La Ergonomía Organizativa, consiste en elaborar de forma lógica la estructura interna de las empresas, ellas realizan esta estructuración para posibilitar el cumplimiento de los fines que se han establecido. Las empresas están influenciadas por el entorno social, económico, tecnológico y legal. La estructura de la organización tiene varios niveles desde menor responsabilidad a mayor responsabilidad serían los siguientes: operarios, mando intermedios, directivos, jefes de área y la dirección. [24]

Además de estos niveles el “staff de apoyo” son unidades de apoyo como el mismo nombre indica que se ocupan del asesoramiento y ayuda para un mejor funcionamiento de la organización. Existe un conjunto mínimo de condiciones de trabajo, que los empleadores deben proporcionarle a los trabajadores: [24]

- Factores de higiene : Son las expectativas básicas que los trabajadores suelen tener de un ambiente de trabajo. Cuando estas condiciones no se cumplen, los trabajadores se sienten extremadamente insatisfechos. Al sentirse de esta manera, su productividad baja, y si a esto le sumamos que no es un solo empleado el que tiene insatisfacción, sino varios, el problema empeora hasta bajar la productividad y los resultados de la empresa.
- Salud y seguridad: Es un ambiente sano y seguro en el trabajo. Las enfermedades y lesiones relacionadas con el trabajo son un problema común en muchas industrias. Por ello, los esfuerzos para hacer un trabajo saludable y seguro pueden incluir procesos, procedimientos y equipo de seguridad.

- La remuneración: Habla sobre un empleo bien remunerado, que proporciona un salario competitivo dado el talento de un individuo y las exigencias de un trabajo. Cuando las condiciones del puesto o cargo son exigentes, el salario puede (y debe) ser aumentado como compensación.
- Beneficios para los trabajadores: Debe existir en las Empresas la compensación no salarial como el seguro, la protección de ingresos por discapacidad, la pensión, la licencia parental, la guardería, el apoyo a la educación, las vacaciones, la licencia por enfermedad, los subsidios de vivienda, los gastos de viaje y los programas de bienestar.
- Carga de trabajo: Trata particularmente sobre la intensidad y las horas de trabajo de un trabajador. Lo recomendable serian 44 horas, con un contenido ligero a moderado. Algo que no debería ponerse en práctica es exigirle que realice más de 44 horas realizando algún trabajo que requiera bastante esfuerzo, y que suponga un trabajo física y mentalmente agotador.
- Horario de trabajo: Los trabajadores por lo general prefieren un horario estándar y predecible. Las horas irregulares, que cambian de semana en semana, pueden disminuir la satisfacción de los empleados en gran medida. Los turnos muy cortos pueden no valer el esfuerzo de un viaje y la interrupción del horario habitual de cada persona. En cuanto a los turnos demasiado largos, se ha demostrado que pueden ser agotadores para los empleados. Es por ello que, en general, el trabajo en horas de forma no estándar puede interrumpir la rutina diaria y las interacciones sociales de los trabajadores.
- Estrés laboral: El estrés relacionado con la carga de trabajo, el horario, la política de la oficina, los conflictos en el lugar de trabajo y las actividades intrínsecamente estresantes, como las quejas de los clientes insatisfechos reducen la satisfacción considerablemente. Por esta razón se debe inspeccionar muy bien este tipo de situaciones, para que no terminen representando un problema para el empleado.
- Equilibrio entre el trabajo y la vida privada: Para finalizar, este punto habla sobre el grado en que un empleado siente que su trabajo complementa y apoya su calidad de vida privada, en lugar de reducirla.

Tiene estricta relación con los puntos anteriormente mencionados, y es de gran importancia en cualquier institución.

El Riesgo Psicosocial, está definido por la Organización Mundial del Trabajo (1984), como la interacción entre el contenido, la organización del trabajo y las condicionales ambientales por un lado y las funciones y necesidades de los trabajadores por otro. Estas interacciones podrían ejercer una influencia nociva en la salud de los trabajadores a través de sus percepciones y experiencias. Estos constituyen, pues las percepciones y significaciones individuales y colectivas sobre las condiciones anteriores que tienen las personas que trabajan, así como las condiciones propias de su individualidad (capacidad, interés, competencias, necesidades, expectativas). [(25)]

En el ambiente laboral surge un problema relacionado con estos factores o riesgos, por lo que de la formulación del problema identificado se deriva una estrategia de evaluación. Estas opciones dependen del enfoque metodológico del profesional y del correspondiente arsenal del que disponen.

Existen cuestionarios para la evaluación de los riesgos psicosociales como: [(23)]

- Cuestionario Robert Karasek: Estrategia instrumental para el abordaje del modelo demanda-control. Modelo que establece que la combinación de alta demanda laboral y la baja capacidad de decisión conducen a resultados de negativa salud física.
- Cuestionario DP-K (Jorge Roman): Aborda el papel mediador de la personalidad del riesgo para la salud de la tensión laboral, explorando la preferencia de los sujetos, por las características de las variables del modelo de demanda-control.
- Cuestionario de JCK: Relacionado con el cuestionario de Karasek, aplicado a los profesionales de la salud, más hacia los trabajadores de servicios, ya que la variable de apoyo social actuaba como moderador de las relaciones desventajosas para la salud.
- Cuestionario de esfuerzo y recompensa: Basado en el modelo desbalance, esfuerzo y recompensa, J. Siegrist refiere que a diferencia de otros modelos de estrés psicosocial laboral en que se enfatiza las

condiciones de trabajo, procura incorporar el elemento de la subjetividad del trabajador en la relación hombre-trabajo, los esfuerzos realizados y la recompensa derivada del trabajo.

Es de señalar que la Seguridad y Salud en el Trabajo forma parte del sistema de la Gestión de los Recursos Humanos, contribuye a la mejora de la calidad de vida en el trabajo, se entiende como el impacto que ejerce sobre los trabajadores tanto en su marco profesional como en los diversos entornos de su trabajo. Un buen ambiente laboral y condiciones óptimas influyen positivamente en la motivación para realizar las tareas y la destreza con que se ejecute el trabajo. Sin duda, para evitar los efectos negativos en el trabajo, se debe contar con un conjunto de medidas y actividades que se realizan en las empresas para detectar las situaciones de riesgos que pueden ocasionar accidentes y/o enfermedades profesionales.

Mediante los estudios realizados por el autor, evidenció que en el Instituto de Salud Pública de Chile (2013), ante la creciente complejidad y magnitud de las actividades empresariales modernas, existió la necesidad de establecer herramientas de gestión de los Recursos Humanos, dentro de ellas, la gestión de la Seguridad y Salud en el trabajo (SST), lo que constituyó un pilar fundamental para lograr la excelencia en la producción y los servicios. [26]

La seguridad laboral de los trabajadores, es un tema que poco a poco ha ido ganando terreno dentro de los esquemas de trabajo en los centros laborales. Además, la Organización Internacional del Trabajo (OIT), plantea que cada día mueren muchas personas como consecuencia de accidentes laborales y enfermedades relacionadas con el trabajo. Se calcula que cada año, estas muertes asciendan al menos a 2,78 millones y resultan 90 millones de años de vida ajustados por discapacidad. [22]

Al respecto OMS/OIT, refieren que las enfermedades y los traumatismos relacionados con el trabajo sobrecargan los sistemas de salud, reducen la productividad y pueden tener un impacto catastrófico en los ingresos de los hogares. Las muertes por cardiopatías y accidentes cerebrovasculares asociados a la exposición a largas jornadas laborales presentan una tendencia creciente respecto a este factor de riesgo ocupacional. (22)

La evaluación de los riesgos laborales es el proceso dirigido a estimar la magnitud de aquellos riesgos que no hayan podido evitarse, es una obligación legal, se obtiene la información necesaria para que el patrono o equipos de prevención esté en condiciones de tomar una decisión apropiada sobre la necesidad de adoptar medidas preventivas y en tal caso, sobre el tipo de medidas que deben adoptarse (Artículo 16 de la Ley de Prevención de Riesgos Laborales). (27)

La evaluación de riesgos es un medio para alcanzar un fin: controlar los riesgos para evitar daños a la salud derivados del trabajo (accidentes y enfermedades profesionales) ahorrando costos sociales y económicos al país y a su propia empresa. La misma la realiza el propio empresario, los trabajadores de la empresa designados por el empresario, los servicios de prevención propios y externos. (27)

Además de lo anterior, existen distintas formas de llevar a cabo una evaluación de riesgos, muchas de ellas están contenidas en normativas específicas; que puede suministrarle distintas metodologías diseñadas y validadas para ello e informarle de cuál puede ser la más idónea según la actividad de su empresa.

Cualquiera que realice una evaluación de riegos de una empresa deberá tener conocimientos sobre los siguientes aspectos: (27)

- Características de los lugares de trabajo, actividades concretas realizadas por los trabajadores, sustancias químicas, herramientas, máquinas, instalaciones y sistemas de transporte utilizados en la empresa, así como conocimientos sobre sus propiedades y estado y sobre las instrucciones para su manejo.

- Conocimientos sobre los distintos riesgos existentes en el sector de actividad de que se trate, sus causas más comunes y sus efectos más probables.

- Requisitos legales y disposiciones, reglamentos y normas relativos al sector al que pertenece su empresa.

En estos casos el empresario con la ayuda de aquellos trabajadores que tengan conocimientos, dominio y experiencia en estos temas, y asesorándose en los Organismos adecuados podrá realizar la evaluación de riesgos de su empresa. No obstante, en otros casos en los que se realicen en la empresa actividades o se utilicen equipos o productos cuyos riesgos sean relativamente difíciles de evaluar si no se dispone de conocimientos o medios técnicos especializados, porque se requieran análisis o mediciones específicas, será necesario recurrir a servicios externos.

El empresario dispone de ciertas ventajas para la realización de las evaluaciones de riesgos por sí mismo, entre ellas se encuentra el conocimiento preciso de las actividades, organización y medios de su propia empresa y el hecho de que los riesgos son bastante comunes en un mismo sector de actividad y deberían ser conocidos por el empresario. El análisis de riesgo proporcionará el nivel del peligro: [27]

- Valoración del riesgo, con el valor del riesgo obtenido, y comparándolo con el valor de riesgo tolerable, se emite un juicio sobre la tolerabilidad del riesgo en cuestión.
  - Si de la evaluación del riesgo se deduce que el mismo no es tolerable, hay que controlarlo.
  - Si de la evaluación de riesgos se deduce la necesidad de adoptar medidas correctivas, se deberá: Eliminar o reducir el riesgo, mediante medidas de control en el origen, organizativas, de protección colectiva, de protección individual o de formación e información a los trabajadores y controlar periódicamente las condiciones, la organización y los métodos de trabajo y el estado de salud de los trabajadores.

- Si existe normativa específica de aplicación, el procedimiento de evaluación deberá ajustarse a las condiciones concretas establecidas en la misma. La evaluación inicial de riesgos deberá hacerse en todos y cada uno de los puestos de trabajo de la empresa, teniendo en cuenta:

- Las condiciones de trabajo existentes o previstas.
- La posibilidad de que el trabajador que lo ocupe sea especialmente sensible, por sus características personales o estado biológico conocido, a alguna de dichas condiciones.

↳ Deberán volver a evaluarse los puestos de trabajo que puedan verse afectados por:

- La elección de los equipos de trabajo, sustancias o preparados químicos, la introducción de nuevas tecnologías a la modificación en el acondicionamiento de los lugares de trabajo.
- El cambio en las condiciones de trabajo
- La incorporación de un trabajador(a) cuyas características personales o estado biológico conocido lo hagan especialmente sensible a las condiciones del puesto.

La evaluación de riesgos debe ser un proceso dinámico. La evaluación inicial debe revisarse cuando así lo establezca una disposición específica y cuando se hayan detectado daños a la salud de los trabajadores o bien cuando las actividades de prevención puedan ser inadecuadas o insuficientes. Para ello se deberán considerar los resultados de:

↳ Investigación sobre las causas de los daños para la salud de los trabajadores.
↳ Las actividades para la reducción y el control de los riesgos.
↳ El análisis de la situación epidemiológica.

Finalmente, la evaluación de riesgos ha de quedar documentada, debiendo reflejarse, para cada puesto de trabajo cuya evaluación ponga de manifiesto la necesidad de tomar una medida preventiva, los siguientes datos:

↳ Identificación de puestos de trabajo.
↳ El riesgo o riesgos existentes.
↳ La relación de trabajadores afectados.
↳ Resultado de la evaluación y las medidas preventivas procedentes.

- ↬ Referencia a los criterios y procedimientos de evaluación y de los métodos de medición, análisis o ensayo utilizados, si procede.

Las evaluaciones de riesgos se pueden agrupar en cuatro grandes bloques:

- ↬ Evaluación de riesgos impuesta por legislación específica.
- ↬ Evaluación de riesgos para los que no existe legislación específica, pero están establecidas en normas internacionales, nacionales o en guías de Organismos Oficiales u otras entidades de reconocido prestigio.
- ↬ Evaluación de riesgos que precisa métodos especializados de análisis.
- ↬ Evaluación general de riesgos.

Hay riesgos en el mundo laboral para los que no existe una legislación, que limite la exposición a dichos riesgos. Sin embargo, existen normas o guías técnicas que establecen el procedimiento de evaluación e incluso, en algunos casos, los niveles máximos de exposición recomendados. Un proceso general de evaluación de riegos se compone de las siguientes etapas:

↬ Clasificación de las actividades de trabajo

Un paso preliminar a la evaluación de riesgos es preparar una lista de actividades de trabajo, agrupándolas en forma racional y manejable. Una posible forma de clasificar las actividades de trabajo es la siguiente:

- Como está estructurada la empresa (departamentos, áreas de trabajo, etc.)
- Etapas en el proceso de producción o en el suministro de un servicio.
- Trabajos planificados y de mantenimiento.
- Tareas definidas dentro de un proceso o servicio.

Para cada actividad de trabajo puede ser preciso obtener información, sobre algunos aspectos como:

- Tareas a realizar. Su duración y frecuencia y Lugares donde se realiza el trabajo.
- Quien realiza el trabajo, tanto permanentemente como ocasional.

- Otras personas que puedan ser afectadas por las actividades de trabajo (por ejemplo: visitantes, subcontratistas, público).
- Formación que han recibido los trabajadores sobre la ejecución de sus tareas.
- Procedimientos escritos de trabajo, y/o permisos de trabajo.
- Instalaciones, maquinaria y equipos utilizados.
- Herramientas manuales utilizadas movidas a motor.
- Instrucciones de fabricantes y suministros para el funcionamiento y mantenimiento de planta, maquinaria y equipos.
- Tamaño, forma, carácter de la superficie y peso de los materiales a manejar.
- Distancia y altura a las que han de moverse de forma anual los materiales.
- Energías utilizadas (por ejemplo: aire comprimido, electricidad)
- Sustancias y productos utilizados y generados en el trabajo.
- Estado físico de las sustancias utilizadas (humos, gases, vapores, líquidos, polvos, sólidos)
- Contenido y recomendaciones del etiquetado de las sustancias utilizadas.
- Requisitos de la legislación vigente sobre la forma de hacer el trabajo, instalaciones, maquinaria y sustancias utilizadas.
- Medidas de control existentes.
- Datos reactivos de actuación en prevención de riesgos laborales: incidentes, accidentes, enfermedades laborales derivadas de la actividad que se desarrolla, de los equipos y de las sustancias utilizadas. Debe buscarse información dentro y fuera de la organización.
- Datos de evaluaciones de riesgos existentes, relativos a la actividad desarrollada.

1. Análisis de riesgos

Identificación de peligros. Para llevar a cabo de identificación de peligros hay que preguntarse tres cosas:

- ¿Existe una fuente de daño?
- ¿Quién (o qué) puede ser dañado?
- ¿Cómo puede ocurrir el daño?

Con el fin de ayudar en el proceso de identificación de peligros, es útil clasificarlos en distintas formas, por ejemplo, por temas:

- Seguridad
- Higiene
- Ergonomía
- Organización del trabajo

Complementariamente se puede desarrollar una lista de preguntas, tales como: durante las actividades de trabajo, ¿existen los siguientes peligros?

- Golpes y cortes.
- Caídas al mismo nivel.
- Caídas de personas a distinto nivel.
- Caída de herramientas, materiales, etc., desde altura
- Espacio inadecuado.
- Peligros asociados por manejo manual de cargas.
- Peligros en las instalaciones y en las máquinas asociados con el montaje, la consignación, la operación, el mantenimiento, la modificación, la reparación y el desmontaje.
- Peligros de los vehículos, tanto en el transporte interno como el transporte de carretera.
- Incendio y explosiones.
- Sustancias que pueden inhalarse.
- Sustancias o agentes que pueden dañar los ojos.
- Sustancias que pueden causar daño por contacto o la absorción por la piel.
- Sustancias que pueden causar daños al ser ingeridas.
- Energías peligrosas (por ejemplo: electricidad, radiaciones, ruido y vibraciones).

- Trastornos músculo-esqueléticos derivados de movimientos repetitivos, mala aplicación de fuerzas, etc.
- Ambiente térmico inadecuado.
- Condiciones de iluminación inadecuadas.

2. Estimación del riesgo

Para cada peligro detectado debe estimarse el riesgo, determinando la potencial severidad del daño (consecuencias) y la probabilidad de que ocurra el hecho.

↳ Severidad del daño

Para determinar la potencial severidad del daño, deben considerarse:

- Las partes del cuerpo que se verán afectadas.
- La naturaleza del daño, graduándolo desde ligeramente dañino a extremadamente dañino.

Ejemplos de ligeramente dañino (LD):

- Daños superficiales: cortes y golpes menores, irritación de los ojos por polvo.
- Molestias e irritación, por ejemplo: dolor de cabeza, disconfort.
- En general no son incapacitantes.

Ejemplos de dañino (D):

- Laceraciones, quemaduras, fracturas menores
- Problemas auditivos, dermatitis, asma, trastornos músculoesqueléticos, enfermedad que conduce a una incapacidad menor.

Ejemplos de extremadamente dañino (ED):

- Amputaciones, fracturas mayores, intoxicaciones, lesiones múltiples, lesiones fatales.
- Cáncer y otras enfermedades crónicas que acorten severamente la vida.

🖎 Probabilidad de que ocurra el daño se puede graduar, desde baja hasta alta con el siguiente criterio:

- Probabilidad alta: El daño ocurrirá siempre o casi siempre (A)
- Probabilidad media: El daño ocurrirá en algunas ocasiones (M)
- Probabilidad baja: El daño ocurrirá raras veces (B)

A la hora de establecer la probabilidad de daño, se debe considerar si las medidas de control ya implantadas son adecuadas. Los requisitos legales y los códigos de buena práctica para medidas específicas de control, también juegan un papel importante la información sobre las actividades de trabajo, se debe considerar lo siguiente:

- Trabajadores especialmente sensibles a determinados riesgos (características personales o estado biológico).
- Frecuencia de exposición al peligro.
- Fallos en el servicio básico (agua, electricidad)
- Fallos en los componentes de las instalaciones y de las máquinas, así como en los dispositivos de protección.
- Protección suministrada por los EPP (Equipos del Protección Personales) y tiempo de utilización de estos equipos.
- Actos inseguros de las personas (errores no intencionados y violaciones de los procedimientos).

En Cuba se han dictado un conjunto de leyes, decretos, normas, resoluciones encaminadas al logro de la seguridad y salud de los trabajadores. El Código y su Reglamento, se emiten por parte de los Ministerios, un grupo de resoluciones complementarias encaminadas a establecer los requisitos de seguridad a cumplir durante la jornada laboral. Una de vital importancia es la Resolución 284/2014 emitida por el Ministerio de Salud Pública donde se consigna el listado de las enfermedades profesionales y el procedimiento para la prevención, análisis y control de las mismas; igualmente se establece el listado de las actividades que por sus características requieren la realización de exámenes médicos pre empleos y periódicos especializados, para las actividades laborales en las que existen riesgos higiénico – epidemiológicos. (28)

En los Lineamientos de la Política Económica y Social del Partido y la Revolución para el período 2016-2021 aprobados en el VII Congreso del PCC en abril de 2016 y por la Asamblea Nacional del Poder Popular en julio de 2016 del 8 al 13 de abril, se evidencia la responsabilidad de los directivos, técnicos y especialistas que, con la toma de decisiones erradas, pueden afectar la seguridad y salud de los trabajadores y la economía del país.(29)

El 8vo Congreso de Partido Comunista de Cuba, celebrado entre los días 16 y 19 de abril de 2021, en La Habana, analizó los proyectos sobre el Estado de la implementación de los Lineamientos de la Política Económica y Social del Partido y la Revolución desde el 6to Congreso hasta la fecha.(30)

En los lineamientos de la Política Económica y Social del Partido y la Revolución del período 2021-2026, I. Modelos de Gestión Económica, Lineamientos Generales expresa la necesidad de alcanzar mayores niveles de productividad y eficiencia en todos los sectores de la economía a partir de elevar el impacto de la ciencia, la tecnología y la innovación en el desarrollo económico y social, así como de la adopción de nuevos patrones de utilización de los factores productivos, modelos gerenciales y de organización de la producción.(30)

1.3- El desempeño laboral, como resultad o de las Condiciones de Trabajo y de Salud

El autor considera vincular el estudio de las condiciones de trabajo y de salud, y los riesgos que influyen negativamente en el trabajo con el desempeño mostrado de los trabajadores en cualquier institución, puesto que, garantizando todos los elementos necesarios desde los puestos de trabajo, el trabajador cumplirá con éxito sus funciones por las que le exigen. Lo que se evidencia en los resultados de su desempeño profesional.

Por lo que el termino desempeño profesional ha sido estudiado por varios investigadores como Valiente Sandó(31) en el año 2001 y Santiesteban Llerena, M.L.(32) en el año 2003 hacen construcciones a la definición de este concepto, pero al comprenderlaprofesionalidadcomo una cualidad de la acción educativa, como un reclamo del perfil de este profesional se asume la definición más reciente y completa expuesta por la doctora Añorga J., que entiende la profesionalización como: "(...) un proceso pedagógico profesional permanente que tiene su génesis en la formación inicial del individuo en una profesión, que lleva implícito un cambio continuo obligatorio a todos los niveles, con un patrón esencialmente determinado por el dominio de la base de conocimientos, propio de la disciplina específica de la profesión que ejerce, que tiene un factor humano que debe reaccionar de forma correcta en su enfrentamiento con la comunidad y avanzar para ser capaz de hacer un ajuste conveniente con las innovaciones de variables intercambiables que infieren en un entorno social dominante y dirigente del hombre(...)"[(33)]

En el glosario de términos de Educación Avanzada define también el desempeño profesional como"(...) la capacidad de un individuo para efectuar acciones, deberes y obligaciones propias de su cargo o funciones profesionales que exige un puesto de trabajo. Esta se expresa en el comportamiento o la conducta real del trabajador en relación con otras tareas a cumplir durante el ejercicio de su profesión. Y aclara que este término designa lo que el profesional en realidad hace y no sólo lo que sabe hacer (...)"[(34)]

El Dr. C. Armando Roca Serrano (2001) plantea que el desempeño profesional "(...) está asociado al cumplimiento de las obligaciones, funciones y papeles de la profesión ejercida por un individuo, demostrando rapidez, exactitud, precisión y cuidado en el proceso de su ejecución (...)"[(35)]

Parra I, al referirse a la actividad del profesional de la educación, hace precisiones del desempeño, cuando plantea que: "(...) la formación inicial del profesional de la educación, como parte de su proceso de preparación permanente, es un período fundamental en el que se comienzan a desarrollar las bases del desempeño profesional(...)"[(36)] En el año 2002, Santiesteban, M.L. define el desempeño profesional como "(...)la idoneidad del director para ejecutar las acciones propias de sus funciones, donde se refleje su dominio político–ideológico, técnico–profesional y el liderazgo, que le permitan un saber ser acorde con las prioridades del trabajo en el sector, según las exigencias actuales y demostrándolo en la evaluación de los resultados concretos de su centro(...)" [(37)]

Valdés H. en el año 2004 refiere como desempeño "(...) tanto la actuación como la idoneidad del docente, expresada esta última esencialmente en un conjunto de capacidades pedagógicas, necesarias para la realización de un ejercicio profesional eficiente y eficaz (...)" [38]

En el área de la salud, la doctora Mulens, I, entiende como desempeño profesional en la atención a la paciente con aborto espontáneo en el contexto familiar, como la capacidad demostrada por el profesional de Enfermería, mediante el desarrollo de las habilidades, obligaciones y funciones inherentes a la disciplina de Enfermería. [39] Y Barazal A, expresa que el desempeño profesional del Máster en Enfermería es "la capacidad para efectuar acciones propias de sus funciones profesionales donde demuestre su dominio docente, científico-investigativo y gerencial, se exprese en su comportamiento humano y ético acorde con las exigencias del centro donde labora". [40]

El autor asume las consideraciones que expone Valcárcel N. (1998), en su tesis doctoral al definir el desempeño profesional como un "proyecto educativo, que esté dirigido a mejorar todos los recursos laborales y humanos desde un campo de acción más abierto y creativo donde el hombre es el centro de todo el proceso."[41]

La sistematización realizada a las definiciones acerca del desempeño, desempeño profesional, desempeño laboral, desempeño pedagógico, entre otros, posibilitó que la autora encontrara un grupo de regularidades. Estas son las siguientes:

- El desempeño está relacionado con la formación y desarrollo del profesional en su práctica asistencial cotidiana.
- El desempeño profesional está sustentado en la adquisición y consolidación de competencias propias de la profesión.
- El estudio del desempeño profesional, abarca la educación permanente que se expresa en la continuidad de la educación de pregrado y del posgrado.
- El desempeño profesional refiere términos como: capacidad, idoneidad, competencia, habilidades, actuación real y dominio.

No obstante, de ver el desempeño profesional de los trabajadores como un resultado de las óptimas condiciones de trabajo existentes, se debe analizar además, los métodos de evaluación de esas condiciones de trabajo, con el fin de obtener un buen desempeño en los trabajadores. El termino evaluación constituye un proceso sistemático, metódico y neutral, es un proceso que facilita la identificación, la recolección y la interpretación de informaciones útiles, es inherente a toda actividad humana, en el intercambio cotidiano entre las personas y en las reflexiones individuales, está presente la evaluación que hacen los hombres de las diferentes ideas, sucesos, acciones que acontecen dentro o fuera de su entorno.

Existen diferentes métodos para la evaluación de las condiciones de trabajo, viéndolo como el conjunto de técnicas que tienen como objetivo reunir toda la información posible sobre un puesto de trabajo concreto. Estos métodos “son herramientas que facilitan el modo de proceder en la evaluación o valoración de las condiciones de trabajo. Además, sirven para fijar objetivos ergonómicos, tener un lenguaje común entre los técnicos y personal de condiciones de trabajo, recepcionar máquinas e instalaciones y fijar objetivos ergonómicos”. [42]

Para comprender el proceso de evaluación, conocer sus modelos resulta necesario analizar cómo se han concebido estos modelos evaluativos. Añorga Morales en 1997 hizo referencia a que “...los modelos de evaluación cuentan con lo que se pretende conseguir o qué necesidades se intenta cubrir, cómo proceder a cubrirlas, de manera que al responder a ellas el evaluador toma opción en su posición teórica a seguir”. [43]

Es decir, los modelos deben fundamentarse a partir del tipo de evaluación, propósitos u objetivos, criterios, métodos y procedimientos, así como la posición teórico-práctica. Los autores González D. y Valcárcel N. (2001) afirman que todo modelo de evaluación define las dimensiones que lo componen: finalidad científica, toma de decisiones, ámbito o unidad de evaluación, rol del evaluador, enfoque y proceso metodológico. [44]

Por lo que, cuando se implemente el modelo se abordará su estructura y se tendrá en cuenta los métodos de análisis de condiciones de trabajo, los que pueden ser de tipo subjetivo que a través de observar y de las impresiones del trabajador se recoge la información, otros de tipo objetivo que la información la recogen a través de un experto y otros métodos son mixtos que recogen la información de ambos tipos.

El autor considera las encuestas como un modelo de evaluación, y dentro de sus componentes se debe tener en cuenta la finalidad, el contenido, la unidad de evaluación, la toma de decisiones y el papel de la evaluación.

1.4- Las Encuestas, como herramienta para las Condiciones de Trabajo y de Salud óptim a

Existen a nivel mundial diferentes tipos de encuestas que tienen un alcance nacional y que actúan como una herramienta fundamental para el propósito de monitorear la salud de una población mediante la colección y análisis de datos sobre un amplio espectro de tópicos de salud y sus determinantes.

En la búsqueda de estas respuestas en EEUU desde 1956 se realizan algunos esfuerzos siguiendo una metodología propia de los estudios cross – sectional, que acompañados de un diseño de muestreo multietápico con estratificación por regiones geográficas logra avances importantes, avances estos que luego son incorporados en experiencias efectuadas en la Unión Europea.(45)

Ya hacia el periodo 1985-1987 se registraba en Colombia la experiencia de la TerceraEncuesta Nacional orientada a establecer tendencias de morbi-mortalidad y de demanda y utilización de servicios, esfuerzos más recientes dan cuenta de los esfuerzos delpaís en el estudio de la salud sexual y reproductiva, o de la salud mental, o de la aspectos centrados en la demografía y salud de cuyo marco muestral efectuado en el año 2005, se conformaron 3.935 seguimientos distribuidos en cerca de 200 municipios. (46)

En el 2006 se actualizó la situación de salud del país, efectuaron 40,000 encuestas de hogares, con algunas mediciones “objetivas” del estado de salud y se agregarán 120,000 encuestas de usuarios, logrando representatividad departamental. La encuesta ejecutó un módulo básico y un módulo propio para cada intervención a estudiar. Lo anterior se complementó con 1,200 encuestas dirigidas a instituciones prestadoras de servicios de salud, representativas a nivel departamental y 220 encuestas institucionales de Direcciones Locales de Salud representativas de los municipios de la muestra.(46)

En el área de la salud de la población laboral existen pocos antecedentes en el ámbito mundial acerca de la realización periódica de encuestas nacionales de salud y del trabajo.

Vale la pena destacar en este aspecto el caso de la Unión Europea, en donde se vienen llevando a cabo este tipo de estudios cada cinco años desde 1990, aunque algunos países miembros las venían realizando desde antes y con mayor periodicidad (caso España, por ejemplo), así las cosas, dada la naturaleza transversal de los estudios se obtiene una "fotografía" exhaustiva de las condiciones de trabajo, basándose en datos de fuentes de información nacionales y en datos de fuentes de información europeas. Otro objetivo es identificar exposiciones en relación con el sector económico y tamaño de empresa, como también en relación con la ocupación, género y edad del trabajador.[(47)]

El Instituto Nacional de Seguridad e Higiene en el Trabajo (INSHT) de España (2001) al comparar encuestas efectuadas por diversos países, y tomar como criterio de inclusión, que sean de carácter nacional o transnacional, multisectoriales, periódicas y centradas en condiciones de trabajo, encuentra que de 24 experiencias (Austria, Canadá, República Checa, Dinamarca, Estonia, Finlandia, Francia, Alemania, Grecia, Irlanda, Italia, Japón, Letonia, Lituania, Luxemburgo, Holanda, Portugal, Eslovenia, España, Suecia, Reino Unido, USA, Europa –EuropeanWorkingConditionsSurvey 2000-2001 (EWCS), y Europa - TheEuropeanUnionLabourForceSurvey (2001) (LFS), solo 18cumplen los requisitos antes mencionados.[(48)]

En cuanto a la forma como se desarrollan las encuestas, el INSHT identifica tres tipos: uno fijo (no cambia de un período a otro), seguido por la mayoría de los casos analizados; uno semi-fijo (una parte de la encuesta se mantiene y otra parte cambia según necesidades específicas), seguido en muy pocos casos, y uno cíclico (en cada edición, un tema diferente con relación a las condiciones de trabajo), como es el caso del Japón. Desde el punto de vista epidemiológico, se reitera, las encuestas corresponden a estudios transversales o de corte periódicos en la mayoría de los casos y a estudios longitudinales en otros casos, ya sea como complemento del estudio transversal o no, como ocurre con las encuestas de Dinamarca y Canadá.[(48)]

El autor considera que la existencia de la II Encuesta Nacional de condiciones de Seguridad y Salud en el Trabajo en el sistema general de riesgos laborales, del Ministerio del Trabajo de Bogotá, es otra herramienta a tener en cuenta, puesto que son los resultados de convenios de cooperación técnica, que permiten encaminar estrategias para el país, en función de las necesidades de la población trabajadora de los sectores formal e informal.[49]

Además, conocer la situación de la Seguridad y Salud de los Trabajadores y en los objetivos complementarios de la I Encuesta Iberoamericana de Condiciones de Trabajo y Salud (I EICTS), la cual tiene como propósito que se haga un cotejo de las situaciones laborales que experimentan los diferentes países y que, por consiguiente, a través del seguimiento y análisis de la información reciente, se permitan trazar planes de restructuración y mejoramiento de los sistemas de riesgos laborales. [49]

Una vez analizados los resultados de la validación de las dos encuestas realizada por la Organización Iberoamericana de Seguridad y Salud en 2012, con la aprobación del Ministerio del Trabajo, se efectuó la adaptación de un solo cuestionario dirigido a los trabajadores tanto de las empresas como de los hogares.[49]

En Guatemala en el 2007, también se aplicó una encuesta sobre condiciones de trabajo, salud y seguridad ocupacional, para forma parte de un perfil diagnostico nacional que se enmarca en el ámbito de un programa de Trabajo Decente, lo que constituyó en ese momento un primer paso para el diseño de una estrategia para la implementación de un Programa Nacional de Trabajo Seguro en Guatemala desde la perspectiva de OIT. Con dicha investigación se pretendió promover un medio ambiente de trabajo más seguro y saludable mediante la adopción de un enfoque sistemático de gestión, el desarrollo de programas nacionales relativos a la seguridad y la salud en el trabajo, y el mejoramiento progresivo del sistema nacional de seguridad y salud en el trabajo. [50]

Dicho enfoque incluye programas estratégicos a mediano plazo destinados a otorgar elevada prioridad a la seguridad y la salud en el trabajo en el marco de los programas nacionales, y establecer objetivos y plazos. Un sistema nacional de seguridad y salud en el trabajo abarcan la legislación pertinente, las consultas tripartitas y los mecanismos de verificación del cumplimiento, los servicios de seguridad y salud en el trabajo, el acopio de estadísticas con propósitos preventivos, la capacitación y la información. Los sistemas nacionales de seguridad y salud en el trabajo y sus programas de acción deberían basarse en los principios fundamentales reflejados en convenios, recomendaciones, directrices técnicas y repertorios de recomendaciones prácticas de la OIT.

De igual forma, el autor consideró pertinente mencionar el estudio realizado por un colectivo de autores correspondientes a diferentes países de la Región de las Américas y del Caribe, para evaluar el estado de salud de las personas adultas mayores y el envejecimiento. Las ciudades involucradas representan una etapa del envejecimiento de la región (Buenos Aires en Argentina, Bridgetown en Barbados, La Habana en Cuba y Montevideo en Uruguay), estos se encuentran en una etapa avanzada del proceso de envejecimiento. Mientras que (Santiago de Chile, México, D.F en México y Sao Paolo en Brasil) están en una etapa de poco menos avanzada. No se incluyeron en la primera parte del estudio ni Guatemala, Bolivia, Perú ni Honduras, lo que hace, realizar posteriormente un segundo momento. [(51)]

Del 2011 al 2013 se realizó un estudio a 102 personas con VIH que acudieron a re consultas entre enero y diciembre del 2010. La media de la edad fue de 36,8 años, la mediana de la escolaridad fue de 10 grados, la mediana de años desde que fueron diagnosticados como portadores fue de 5 años. A los trabajadores seleccionados se les explicaron los objetivos, procedimientos y tareas del estudio y se les solicitó autorización para incluirlos en el mismo. Se les

administró una encuesta consistente en una adaptación de la Encuesta nacional de condiciones de trabajo y salud, diseñada por Román (2001).[(52)]

En los resultados sobre las percepciones sobre las condiciones de trabajo y salud se aprecia que este grupo de trabajadores está generalmente poco expuesto a factores del medio laboral potencialmente nocivos, se trata de un grupo generalmente satisfecho en sus trabajos, que muy infrecuentemente refirieron riesgos de accidente, que poseen adecuadas condiciones de seguridad, que sus percepciones sobre el ambiente físico de trabajo no denotan frecuentes factores de riesgo y que se ha cumplido en general, en los centros de trabajo, con las legislaciones que rechazan el estigma en cuanto a que no les han solicitado análisis u otros exámenes médicos relacionados con el VIH. Las autovaloraciones de los estados de salud fueron muy buenas. Para profundizar en el marco conceptual, en un mayor entendimiento de la interrelación entre los factores de riesgo laborales y la salud de las personas con VIH, convendrán, probablemente, emplearse métodos mixtos, integrando la investigación cuantitativa y la cualitativa.[52]

El modelo de Encuesta que se presenta en la investigación, es el fruto de un estudio realizado por profesores expertos del Instituto Nacional de Salud de los Trabajadores de Cuba, para su socialización y aplicación en diferentes contextos, ya que son procedimientos pertinentes para cualquier entidad laboral, como método de evaluación flexible, sencillo y viable para que permita que los trabajadores puedan participar y proponer mejoras en sus propias condiciones de trabajo.

CAPITULO II: RESULTADOS DE LA APLICACIÓN DE UNA ENCUESTA PARA LA EVALUACIÓN DE LAS CONDICIONES DE TRABAJO Y SALUD EN LA EMPRESA DE PROYECTO Y DISEÑO DE LA AGRICULTURA(ENPA) EN LA HABANA

2.1- Caracterización de la inv estigac ión y estado actual

Tipo de estudio: Estudio descriptivo y de corte transversal, en el periodo de enero del 2023 a mayo del 2024. En la investigación el Univ erso enmarcado fueron todos los trabajadores de la Empresa de Proyecto y Diseño de la Agricultura (ENPA) en La Habana y la Muestra seleccionada fue 237 trabajadores en total de la Consultoría y Negocio, Servicios Ingenieros, Oficina Central, Aseguramiento y Servicio, ENPA Habana, Artemisa y Mayabeque, distribuidos de la siguiente forma:

Total de Tra bajadores	UEB
32	Oficina Central
37	UEB “Servicios Ingenieros”
15	UEB “Consultoría y Negocio”
78	UEB “ENPA Habana”
30	UEB “Aseguramiento y Servicio”
23	UEB de Artemisa
22	UEB de Mayabeque

Siendo una muestra intencional no probabilística, por toda la información controlada y cuidadosa que aportan para la investigación este tipo de personas, y el método de muestreó es por conveniencia según los criterios propios del investigador.

Criterios de inclusión :

- Ser UEB controladas directamente por la ENPA, como son la Habana, Artemisa y Mayabeque.

Criterios de exclusión:

- Ser UEB de provincias distantes

Tabla 1: VARIABLE-DIMENSIONES

Variable	Dimensiones
Condiciones de Trabajo	Dimensión:1. 1- Datos generales sociodemográficos
	Dimensión:1. 2- Ambiente en los lugares de trabajo
	Dimensión:1. 3- Medios de Trabajo
	Dimensión:1. 4- Condiciones de Seguridad
	Dimensión:1. 5- Tareas de Trabajo
	Dimensión:1. 6- Condiciones Organizativas
	Dimensión:1. 7- Ambiente Social
	Dimensión:1. 8- Salud y Bienestar

Métodos de obtención de datos

Métodos del nivel teórico:

- Histórico - lógico : para la contextualización del problema investigado desde el punto de vista de su desarrollo histórico, que permitan la indagación sobre los criterios de diferentes autores para la fundamentación teórica del tema relacionado con las condiciones de trabajo y salud de la Empresa de Proyecto y Diseño de la Habana.
- Análisis y la Síntesi s: para profundizar en las distintas posiciones sobre la evaluación de las condiciones de trabajo y salud de la Empresa de Proyecto y Diseño de la Habana para hacer una valoración sobre las similitudes y diferencias posibles.
- Sistem atización: para el análisis de las ideas y conceptos que se utilizaron como referentes teóricos en el análisis de los antecedentes y para la modelación de la propuesta.
- Inducción y Deducción : referente a la determinación de las necesidades para la unificación de criterios que permitan diferenciar las condiciones de trabajo y salud de la Empresa de Proyecto y Diseño de la Habana.
- Modelaci ón: Permite implementarla Encuesta de Condiciones de Trabajo en los trabajadores de la Empresa de Proyecto y Diseño de la Habana.

Métodos del nivel empírico:

- La Encuesta para conocer la opinión y los criterios de los trabajadores de la Empresa de Proyecto y Diseño de la Habana, sobre el objeto investigado, por mediación de un cuestionario depreguntas sobre el tema. Se utilizará en los primeros pasos de la investigación, responde al 2do objetivo de la investigación y al 4to objetivo.
- Métodos estadísticos: Para el procesamiento de la información obtenida a través de los instrumentos y técnicas del nivel empírico, además del empleo del cálculo porcentual y la triangulación de toda la información, mediante tablas y gráficos.

RESULTADOS Y DISCUSIÓN

La Encuesta aplicada entre el periodo de enero del 2023 a mayo del 2024para conocer la situación real de las Condiciones de Trabajo y Salud de dichos trabajadores, arrojó los siguientes resultados.

I- RESULTADOS DE LOS DATOS GENERALES SOCIODEMOGRÁFICOS

- De los 237 trabajadores, el 47.6% son mujeres (113) y el 52.3% son hombres (124), de ellos el 19.8% son negros (47), el 51.8% son blancos (123) y el 26.5% son mestizos (63).

Tabla 2: Total de trabaj adores contra sexo y color de la piel.

I- Datos Ge nerales Sociodemográficos						
UEB	Total de trabajadores	Sexo		Color de la piel		
		Muj eres	Hombres	Negra	Blanca	Mestiza
Consultoría y Negocio	15	8	7	5	9	1
Servicios Ingenieros	37	25	12	4	27	4
Oficina Central	32	13	19	5	16	9
Aseguramie nto y Servicio	30	11	19	4	16	10
ENPA Habana	78	36	42	10	39	29
Artemisa	23	10	13	10	6	6
Mayabeque	22	10	12	10	6	6
Total	237	113	124	48	119	65
%	100	47.6	52.3	19.8	51.8	26.5

Gráfico 1:Total de trab ajadores c ontra sexo y color de la piel

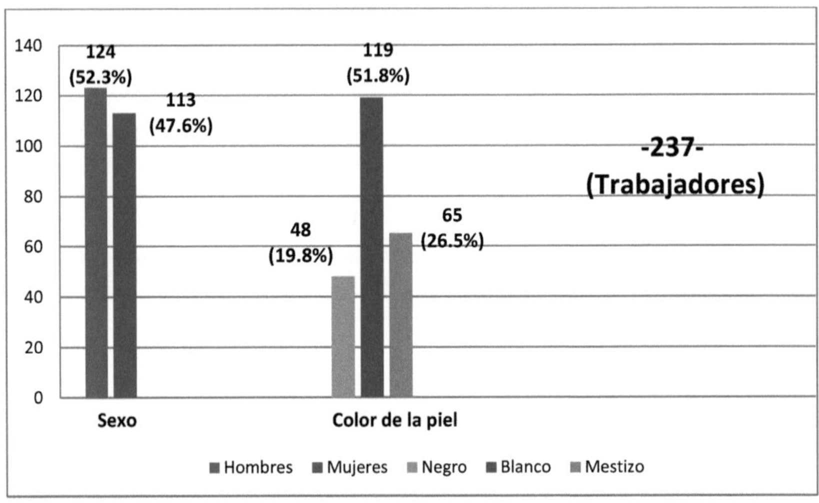

- De los 237 trabajadores, 68 cuentan con más de 25 años de edad (28.6%), de 35 a 45 existen 95 trabajadores (40%), lo que constituye la mayor fuerza de trabajo. Mientras que 71 trabajadores están comprendidos de 46 a 65 (29.9%) y mayores de 65 existe 3 trabajadores para el 1.2%.

Tabla 3: Total de Tr abaj adores , según rango de edad.

I- Datos Gene rales S ociodemográ ficos					
UEB	Total de trabajadores	Rango de e dades			
		mayor de 25	de 35 a 45	de 46 a 65	mayor de 65
Consultoría y Negocio	15	0	4	11	0
Servicios Ingenieros	37	0	9	26	2
Oficina Central	32	0	15	16	1
Aseguramiento y Servicio	30	13	14	3	0
ENPA Habana	78	30	34	14	0
Artemisa	23	11	12	0	0
Mayabeque	22	14	7	1	0
Total	237	68	95	71	3
%	100	28.6	40	29.9	1.2

Gráfico 2: Total de los trabajadores, según rango de edad.

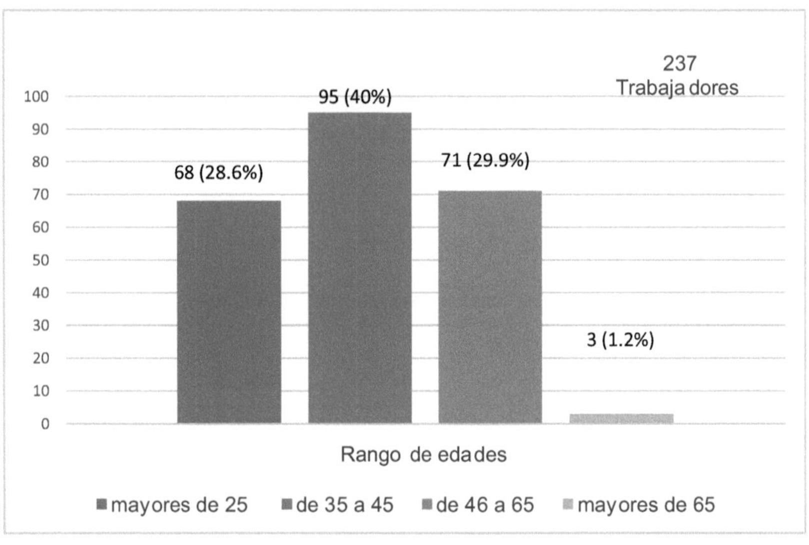

- De los 237 trabajadores, 92 están casado para el 38.8%, 9 solteros para 3.7%, 76 en unión consensual para el 76%, 47 con parejas estables para el 19.8% y 13 no estables, que representa 5.4%. Lo que llama la atención que la mayoría está casado y en unión consensual.

Tabla 4: Total de trabaj adores , según Esta do Civil.

UEB	Total de trabajadores	Estado Civil					
		Casado	Soltero	Unión Consensual	Pareja Estable	Pareja No Estable	Sin pareja
Consultoría y Negocio	15	6	2	5	2	0	0
Servicios Ingenier os	37	14	3	10	8	2	0
Oficina Central	32	17	1	9	4	1	0
Ase guramie nto y Servicio	30	11	0	14	3	2	0
ENPA Habana	78	23	1	19	27	8	0
Artemisa	23	12	2	8	1	0	0
Mayabeque	22	9	0	11	2	0	0
Total	237	92	9	76	47	13	0
%	100	38.8	3.7	32	19.8	5.4	0

Gráfico 3: Total de los trabajadores y Estado Civil.

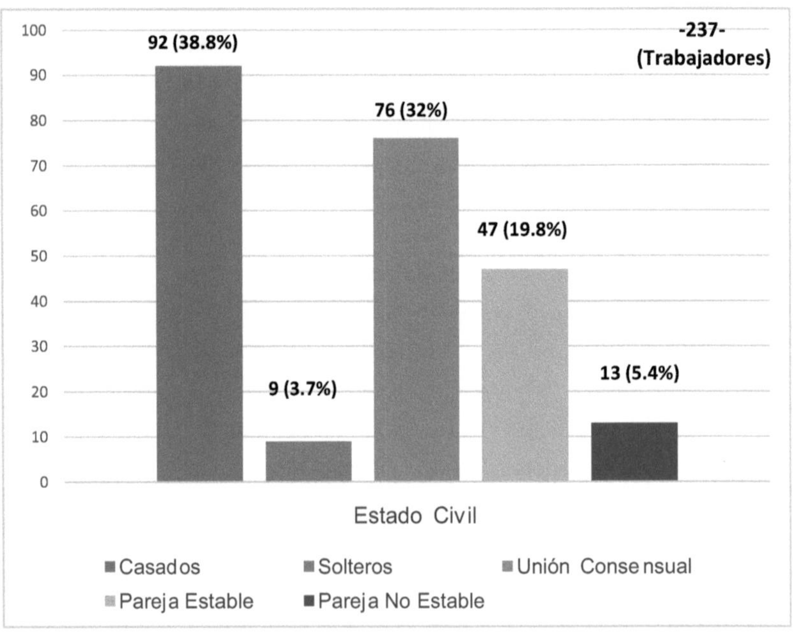

- De los 237 trabajadores, predominan los profesionales de sus áreas (Ingenieros, Licenciados y Técnicos). Del 100% de la muestra, 43 (18.1%) cuentan con menos de 5 años de trabajo, 97 (40.9%)entre 5 y 10 años, 66 (27.8%) entre 11 y 20 años,31 (13%)más de 20 años. Del total, 59 (24.8%) llevan en el cargo menos de 5 años,115 (48.5%) de 5 a 10 años, 50 (21%) de 11 a 20 años y más de 20 años 13 (5.4%) trabajadores.

Tabla 5: Total de Tr abajadores , años trabaj ados y años en el cargo actual.

		Años de traba jo				Años de traba jo en el cargo			
UEB	Total de trabajadores	menos de 5	de 5 a 10	de 11 a 20	más de 20	menos de 5	de 5 a 10	de 11 a 20	más de 20
Consultoría y Negocio	15	4	5	4	2	9	5	1	0
Servicios Ingenieros	37	7	11	16	3	15	18	4	0
Oficina Central	32	5	15	9	3	7	16	5	4
Aseguramiento y Servicio	30	4	17	5	4	8	15	6	1
ENPA Habana	78	18	29	18	13	14	32	25	7
Artemisa	23	1	9	8	5	2	13	7	1
Mayabeque	22	4	11	6	1	4	16	2	0
Total	237	43	97	66	31	59	115	50	13
%	100	18.1	40.9	27.8	13	24.8	48.5	21	5.4

Gráfico 4: Total de los trabajadores según años trabajados y años en el cargo actual.

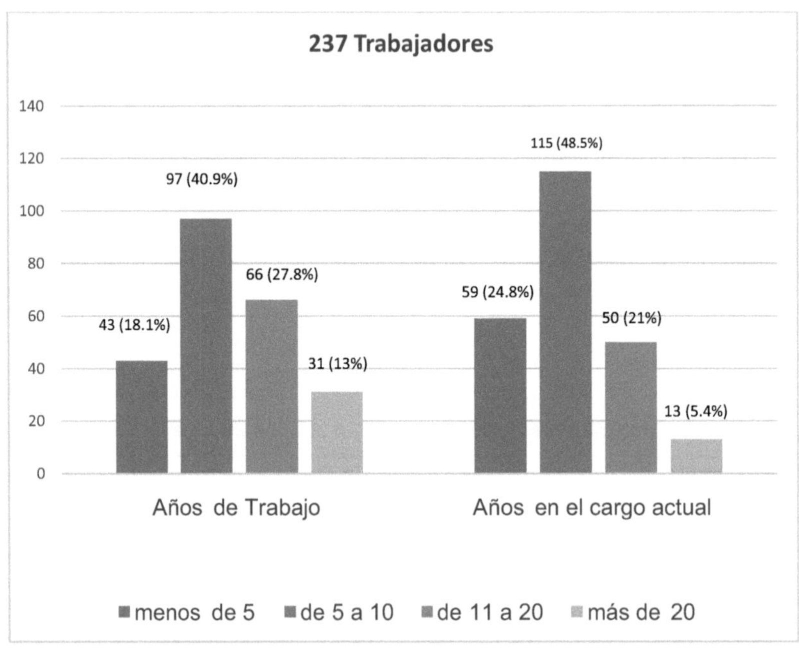

- Dicha actividad que realizan actualmente, del total de trabajadores, 180 pertenecen a la Categoría Ocupacional Técnico para un 75.9%, 31 pertenecen a Servicios para el 13%, 17 son Operarioslo que representa el7.1%, y 9 Dirigentes o cuadros para el 3.7% y el 100% pertenecen a la actividad económica de la Agricultura, cuentan con un Empleo Estatal y un Contrato de Trabajo Permanente.

Tabla 6: Total de Tra bajadores, según Cat egoría Ocupacional

I- Datos Gene rales S ociodemográ ficos						
UEB	Total de trabajadores	Categoría Ocupacional				
		Técnic o	Servicio	Operar ios	Admi nistrati vos	Dirigentes o Cuadros
Consultoría y Negocio	15	14	0	0	0	1
Servicios Ingenier os	37	35	0	1	0	1
Oficina Central	32	25	2	2	0	3
Aseguramiento y Servicio	30	18	9	2	0	1
ENPA Habana	78	59	10	8	0	1
Artemisa	23	15	5	2	0	1
Mayabeque	22	14	5	2	0	1
Total	237	180	31	17	0	9
%	100	75.9	13	7.1	0	3.7

Gráfico 5:Total de los trabajadores según Categoría Ocupac ional.

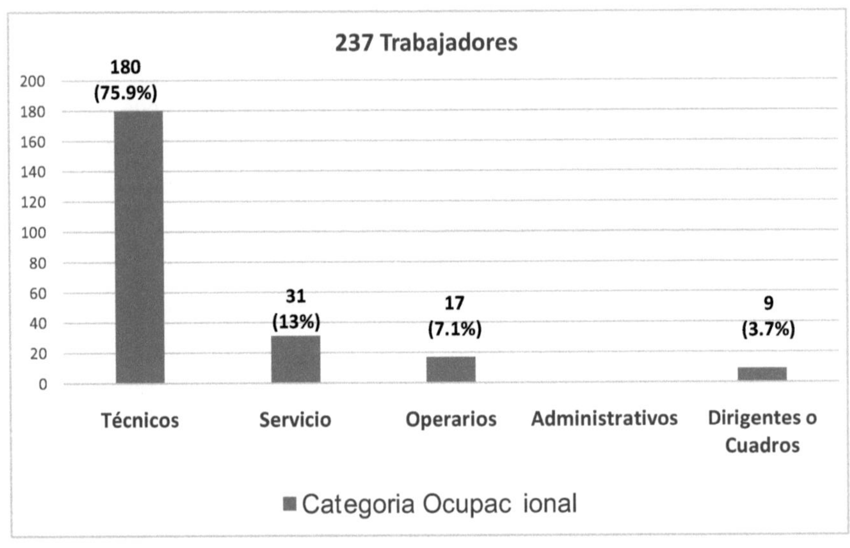

- De los 237 trabajadores, 47 (19.8%) no cuentan con la custodia de hijos y 190 (80.1%) sí. Del total,167 trabajadores (70.4%) tienen a su cuidado adultos mayores y 70 (29.5%) no.

Tabla 7: Total de Trabajadores, contra custodia de hijos y cuidados de adultos mayores.

I- Datos Generales Sociodemográficos					
	Total de trabajadores	Custodia de Hijos		Adultos mayores a su cuidado	
UEB		Si	No	Si	No
Consultoría y Negocio	15	9	6	6	9
Servicios Ingenieros	37	26	11	21	16
Oficina Central	32	23	9	24	8
Aseguramiento y Servicio	30	27	3	26	4
ENPA Habana	78	66	12	57	21
Artemisa	23	21	2	14	9
Mayabeque	22	18	4	19	3
Total	237	190	47	167	70
%	100	80.1	19.8	70.4	29.5

Gráfico 6: Total de los trabajadores, contr a cus todia de hijos y cuida dos de adultos mayores.

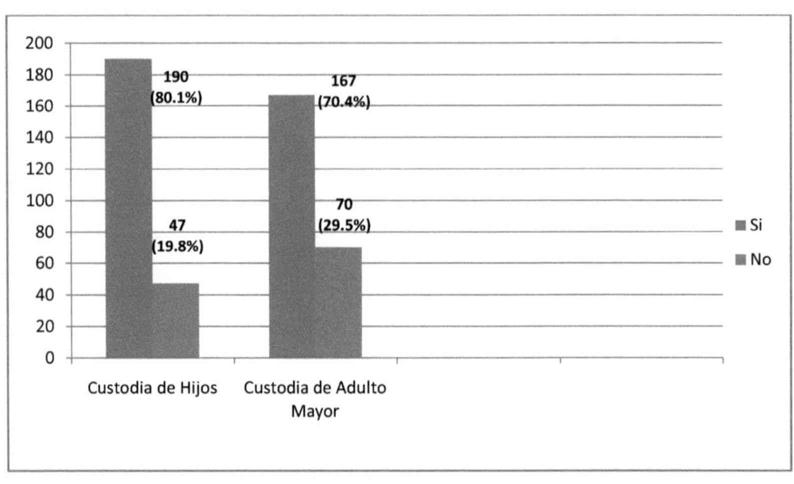

II y III-RESULTADOS DEL AMBIENTE EN LOS LUGARES DE TRABAJO Y LOS RESULTADOS DE LOS MEDIOS DE TRABAJO

- De los 237 trabajadores (100%), todos realizan su trabajo en un lugar cerrado, no perciben ruidos ni vibraciones, no están expuesto al calor, al frio ni a la humedad, no iluminación inadecuada, no manipulación de sustancias químicas, ni se exponen a riesgos biológicos.
- El 100% cuentan con un espacio para el trabajo y mobiliario adecuado, no así con el equipamiento o herramientas de trabajo, puesto que 221 (93.2%) cuentan con buenos equipos o herramientas de trabajo, y 16 (6.7%) opinan que es regular.

Tabla 8: Ambiente y Medios de Trabajo

UEB	Total de trabajadores	Espacio que disponen y Mobiliario	Ruidos, vibraciones, calor, frio, humedad, iluminación inadecuada, manipulación de sustancias químicas y riesgos biológicos	Estado de los Equipo	
		Adecuado	No	B	R
Consultoría y Negocio	15	15	15	11	4
Servicios Ingenieros	37	37	37	35	2
Oficina Central	32	32	32	32	
Aseguramiento y Servicio	30	30	30	30	
ENPA Habana	78	78	78	69	9
Artemisa	23	23	23	23	
Mayabeque	22	22	22	21	1
Total	237	237	237	221	16

Gráfico 7: Ambiente de Trabajo

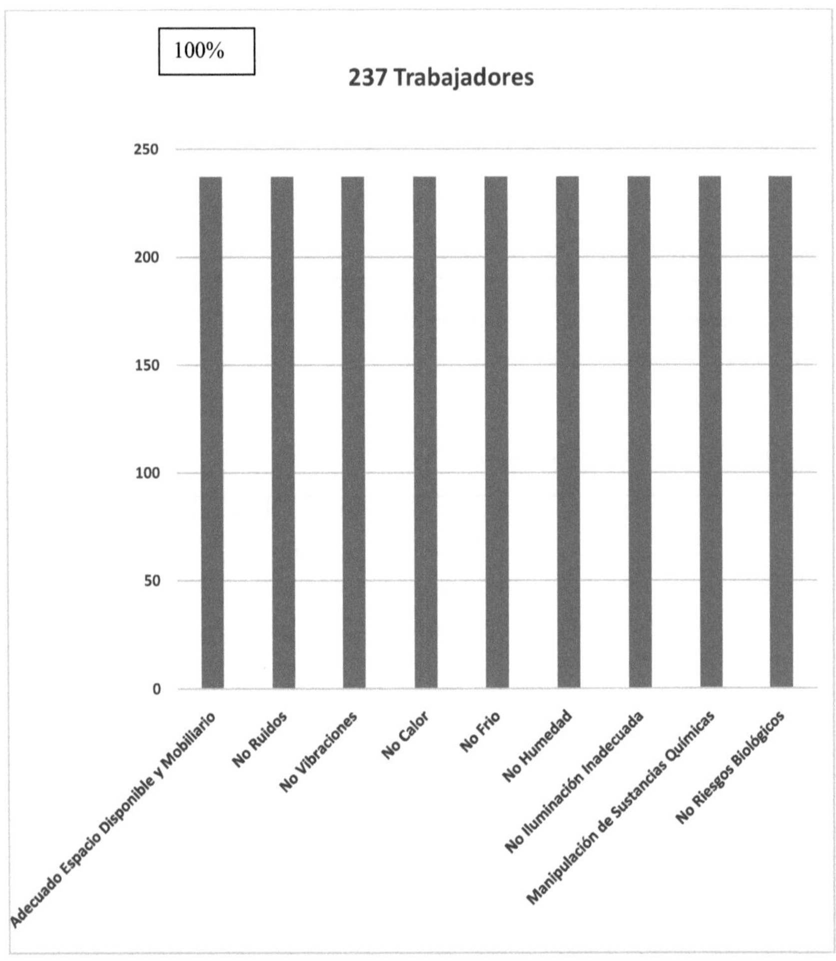

Gráfico 8: Medios de Trabajo

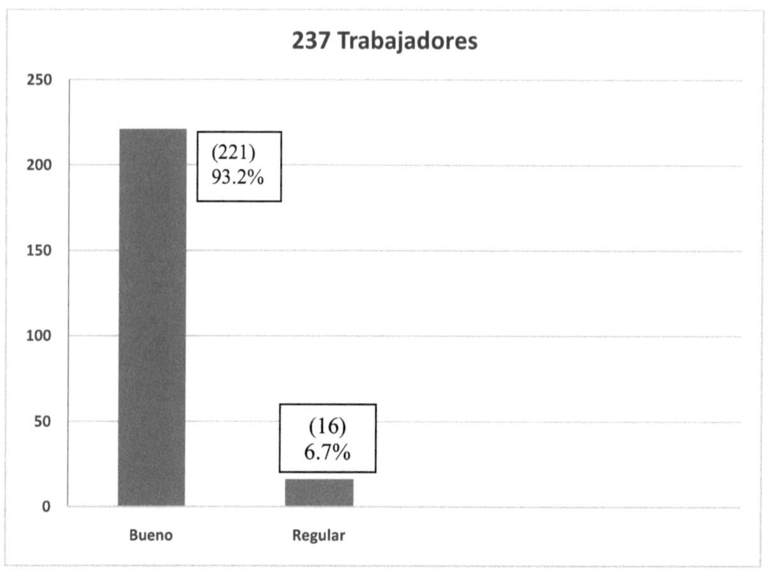

IV y V-RESULTADOS DE LAS CONDICIONES DE SEGURIDAD

- Todos los trabajadores, se desempeñan en lugares con adecuadas condiciones de seguridad, por lo que el 100% de la muestra no ha sufrido accidente o incidencia laboral.

- 220 trabajadores (92.8%) consideran que sus tareas son predominantemente intelectuales excepto los 17operarios para el 7.1% del total.El 100% de los trabajadores nunca adoptan posiciones forzadas o incomodas, ni levantan o movilizan cargas pesadas sin ayuda mecánica, además que requieren un alto nivel de habilidad.

- 198 trabajadores se trasladan hacia el centro por transporte público para el 83.5% y solo 39 (16.4%) por transporte propio, empleando todos horas de ida y regreso del trabajo. El 100% plantea que nunca están irritable porque el trabajo sea agotador, ni resulta difícil concentrarse en el trabajo porque están preocupado por asuntos domésticos, ni por el horario de trabajo, y no es complicado relajarse en casa.

- Ninguno (100%) refiere que están apurados por la gran cantidad de trabajo, nilo interrumpen con frecuencia, no hacen horas extras, pero todos si tienen mucha responsabilidad en el trabajo y este, aumenta cada vez más. Además, todos se merecen un reconocimiento y reciben el apoyo necesario, no lo tratan injustamente, no tienen escasas perspectivas de promoción, no esperan empeoramiento de sus condiciones de trabajo, por lo que no pueden perder el trabajo en cualquier momento. Todos expresan tener un adecuado desempeño, reconocimiento, oportunidad y salario.

Tabla 9: Condiciones de seguridad

Condiciones	Total	Porcie nto
✎ no ha sufrido accidente o incidencia laboral	237	100%
✎ sus tareas son predominantemente intelectuales, excepto los operarios	220 17	92.8% 7.1%
✎ nunca adoptan posiciones forzadas o incomodas	237	100%
✎ no levantan o movilizan cargas pesadas sin ayuda mecánica	237	100%
✎ alto nivel de habilidad	237	100%
✎ se trasladan hacia el centro por transporte público, empleando todos horas de ida y regreso del trabajo	198	83.5%
✎ se trasladan hacia el centro por transporte propio, empleando todos horas de ida y regreso del trabajo	39	16.4%
✎ nunca están irritable porque el trabajo sea agotador	237	100%
✎ no resulta difícil concentrarse en el trabajo porque están preocupado por asuntos domésticos, ni por el horario de trabajo	237	100%
✎ no es complicado relajarse en casa	237	100%
✎ no están apurados por la gran cantidad de trabajo, ni lo interrumpen con frecuencia, no hacen horas extras, pero todos si tienen mucha responsabilidad en el trabajo y este, aumenta cada vez más.	237	100%
✎ todos se merecen un reconocimiento y reciben el apoyo necesario,	237	100%
✎ no lo tratan injustamente, no tienen escasas perspectivas de promoción,	237	100%

✎ no esperan empeoramiento de sus condiciones de trabajo, por lo que no pueden perder el trabajo en cualquier momento.	237	100%
✎ Todos expresan tener un adecuado desempeño, reconocimiento, oportunidad y salario.	237	100%

Gráfico 9: Condicion es de segurid ad según el total de trabajad ores

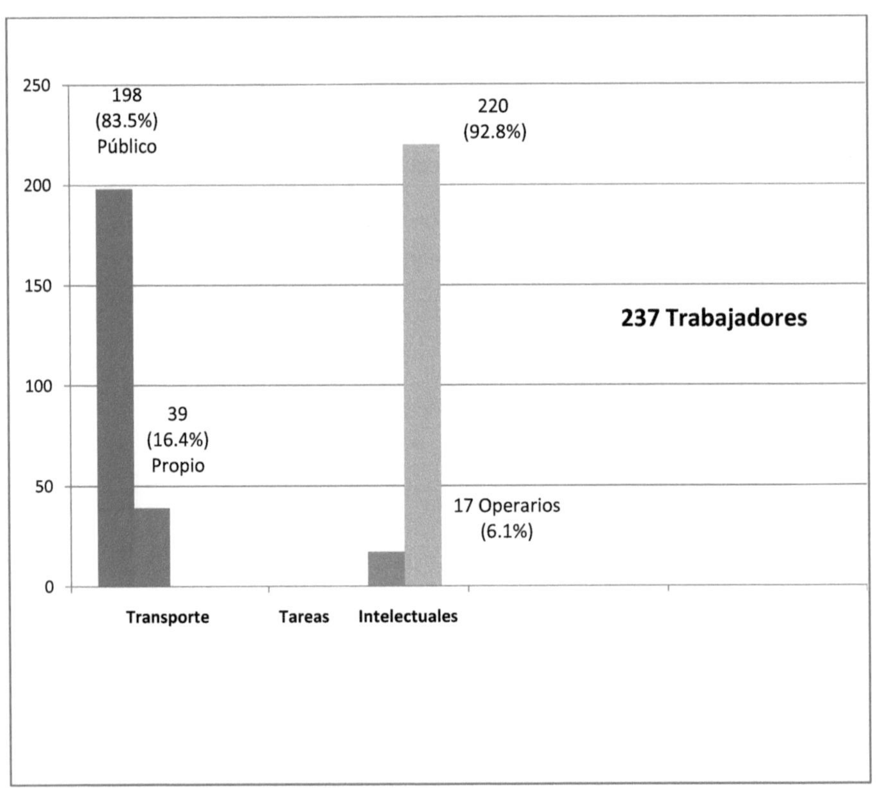

VI y VII- RESULTADOS DE LAS CONDICIONES ORGANIZATIVAS Y AMBIENTE SOCIAL

- De los 237 trabajadores, el 100% trabajan 8 horas al día, en el horario diurno y todos conocen sus funciones de trabajo, por lo que han recibido entrenamiento para su capacitación en los lugares de trabajo.
- Además, todos (100%) consideran que es muy adecuado que los jefes muestran interés por el bienestar laboral de los subordinados, quepresten atención a lo que dice el trabajador, el jefe es colaborador en la realización del trabajo, este logra a que trabajen conjuntamente, ya que las personas son competentes en sus tareas. Las personas toman interés personal, son todos amistosos, se estimulan a trabajar conjuntamente y son colaboradores. Prestan siempre atención a los criterios y problemas laborales y a las necesidades de los trabajadores.

Tabla 10: Condiciones Or ganizativ as y Ambiente S ocial

Condiciones	Total	Porcie nto
trabajan 8 horas al día, en el horario diurno y todos conocen sus funciones de trabajo, por lo que han recibido entrenamiento para su capacitación en los lugares de trabajo	237	100%
muy adecuado que los jefes muestran interés por el bienestar laboral de los subordinados	237	100%
presten atención a lo que dice el trabajador	212	89.4
a veces presten atención a lo que dice el trabajador	25	10.5
el jefe es colaborador en la realización del trabajo, este logra a que trabajen conjuntamente, ya que las personas son competentes en sus tareas	237	100%
las personas toman interés personal, son todos	237	100%

amistosos, se estimulan a trabajar conjuntamente y son colaboradores.		
➫ prestan siempre atención a los criterios y problemas laborales	237	100%
➫ prestan atención a las necesidades de los trabajadores ➫ a veces prestan atención a los criterios y problemas laborales	199 38	83.9 16

Gráfico 10: Condiciones Organizativas y Ambiente Social

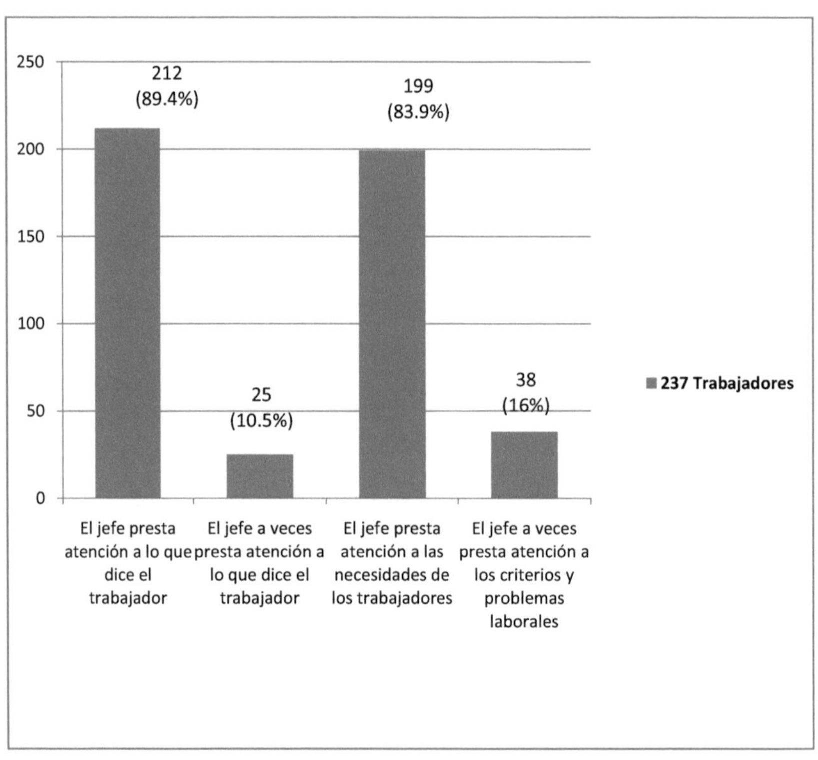

VIII- RESULTADOS DE LA SALUD Y EL BIENESTAR

- De los 237 (100%) trabajadores, 98 de ellos cuentan con hábitos de fumar para el 41.3% y 87 con hábitos de ingerir bebidas alcohólicas para el 36.7%, además plantean 112 de ellos que se realizan chequeos médicos periódicos para el 47.2% del total.

Tabla 11: Salud y Bienestar

UEB	Total de trabajadores	Hábitos de fumar	Hábitos de ingerir bebidas alcohólicas	Chequeo Médico periódico
Consultoría y Negocio	15	11	3	10
Servicios Ingenieros	37	19	7	14
Oficina Central	32	7	16	19
Aseguramiento	30	13	11	10
ENPA Habana	78	32	39	29
Artemisa	23	9	5	16
Mayabeque	22	7	6	14
Total	237	98	87	112

Gráfico 11: Salud y Bienestar

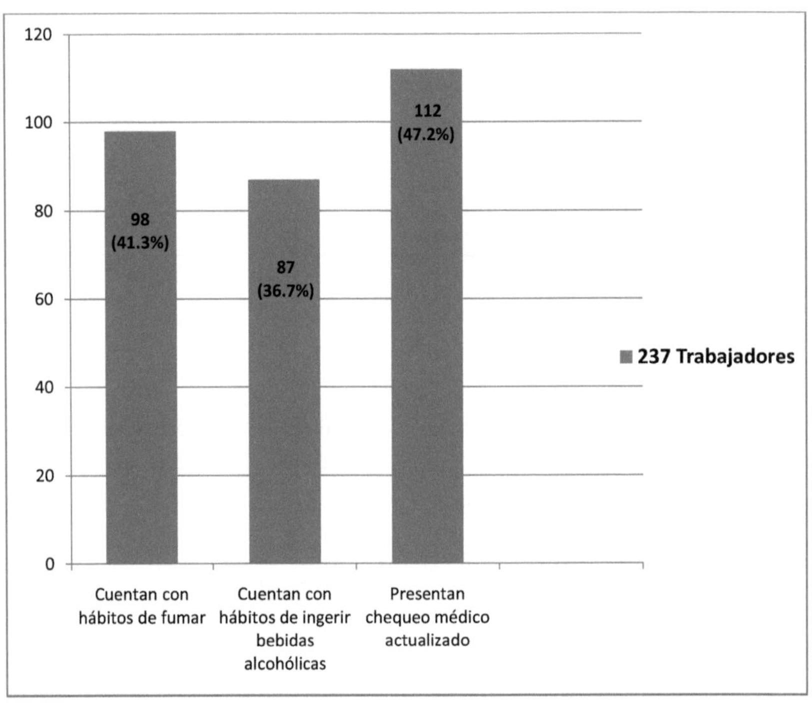

Resultado más significativ o por Dimensión, que muestra n el comportamie nto de la Variable: Condicion es de Trabajo

El autor determina clasificar el resultado de la variable en los rangos siguientes, teniendo en cuenta el total de las dimensiones e ítems y el total de la muestra seleccionada:

- No Adecuado (NA): Por debajo del 60%
- Adecuado (A): Mayor del 60% y Menos de 89%
- Muy Adecuado (MA): Mayor del 90% y Menos de 99%
- Excelente (E): 100%

Por todo lo anterior, se asume que la variable: Condiciones de Trabajo en la Empresa de Proyecto y Diseño de la Agricultura en la Habana tiene un comportamiento de Excelente (100%) en seis dimensiones, puesto que el escenario donde desarrollan los 237 trabajadores sus actividades no presentan peligro, ni puedan ocasionar en ningún momento efectos directos en su integridad física. La D:1.3 alcanzó el rango de Muy Adecua do (93.2%) y la D: 1.8 el rango de Adecu ado (63.2%).

Tabla 12: Total de las dimensi ones e ítems y total de respue sta positiv as según total de la mu estra.

Variable: Condiciones de Trabajo		
Dimensi ones	Total de Ítems	Respues tas positiv as, por ítems. (%)
D:1.1- Datos generales sociodemográficos	17	237 (100%) - (E)
D:1.2- Ambiente en los lugares de trabajo	12	237 (100%) - (E)
D:1.3- Medios de Trabajo	4	221 (93.2%) - (MA)

	(1 afectado)	
D:1.4- Condiciones de Seguridad	3	237 (100%) - (E)
D:1.5- Tareas de Trabajo	8	237 (100%) - (E)
D:1.6- Condiciones Organizativas	5	237 (100%) - (E)
D:1.7- Ambiente Social	3	237 (100%) - (E)
D:1.8- Salud y Bienestar	9 (2 afectados)	150 (63.2%) - (A)

Gráfic o 12: Relación del total de dimensiones y de respue sta positiv as según la mues tra.

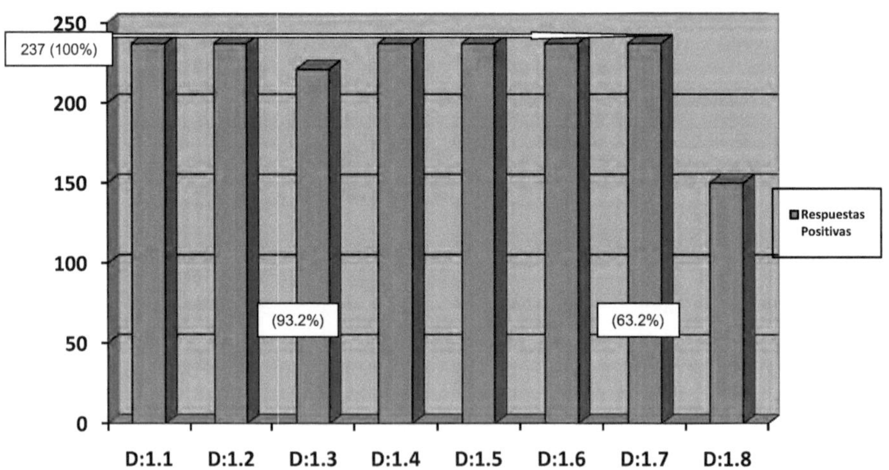

Valoraci ón Crítica de la Encuesta sobre las Condiciones de Trabajo en la Empresa de Pro yecto y Diseño de la Agric ultura en la Haba na

Vari able: Condiciones de Trabajo

Dimensiones	Indica dores	Esc alas de medida
1.1-Datos generales sociode mográficos	17	Variadas (datos personales)
1.2-Ambiente en los lugares de trabajo	22	Buena-Regular- Mala-No sé Si-No-No sé Otros
1.3-Medios de Trabajo	4	Adecuado-Inadecuado Otros
1.4- Condiciones de Segurida d	3	Si-No Otros
1.5-Tareas de Trabajo	8	Nunca- A veces- A menudo-Casi siempre Si-No Otros
1.6- Condiciones Organiza tiv as	5	Variadas
1.7-Am biente Soc ial	3	Muy de acuerdo- De acuerdo-En desacuerdo- Muy en desacuerdo Siempre- Algunas veces-Frecuentemente- Nunca- No sé-No comprendo Otros
1.8- Salud y Bienes tar	9	Buena-Regular- Mala-No sé Si-No-No sé Otros

Por todo lo anterior y el cuadro resumen mostrado, el autor considera oportuno emitir algunos criterios a tener en cuenta para el perfeccionamiento y flexibilidad del diseño de la encuesta propuesta:

- Encuesta muy extensa (11 páginas, 71 preguntas y variadas escalas de medida o ítems en una misma pregunta).
- Exceso de preguntas abiertas, de amplia interpretación y un alto nivel de subjetividad.
- Variadas escalas de medida que no permiten homogenizar el resultado, ni medir adecuadamente el alcance de la variable única "Condiciones de trabajo".

Se puede comparar la encuesta propuesta con otros tipos de encuestas estudiadas por el autor, desde su finalidad y diseño.

Exper iencias en otros paises	Finalida d
Japón, Dinamarca y Canadá (2007)	Identificar los Factores Epidemiológicos en las empresas
Guatemala (2007)	Implementar un Programa Nacional de Trabajo Seguro
España (desde el 1990-2015)	Aplicar en el Sector Económico
España (2007-2014)	Conocer las Condiciones de trabajo especificas
Región de las Américas y del Caribe (2005-2016)	Conocer el estado de salud de la población adulta
Cuba (2011-2013)	Describir las condiciones de trabajo en un grupo de trabajadores con VIH

Una vez reevaluado su diseño, la encuesta propuesta es muy semejante a las de otros países, permite evaluar todos los factores que influyen como determinantes en las condiciones de trabajo y salud de los trabajadores.

CONCLUSIONES

- El estudio histórico lógico realizado a la evaluación de las condiciones de trabajo y de salud en las UEB correspondientes a la Empresa de Diseño y Proyecto de la Habana, mediante la aplicación de una encuesta y la sistematización realizada por el autor y la existencia de otros modelos de encuesta a nivel mundial y en Cuba le permitió verlo como un proceso individual, flexible, viable y dinámico, además de ser sencillo para que permita que los trabajadores puedan participar y proponer mejoras en las condiciones de trabajo.

- Los resultados obtenidos de la aplicación de la encuesta para conocer las condiciones de trabajo y de salud, en las UEB correspondientes a la Empresa de Diseño y Proyecto de la Habana, muy pocos problemas y variadas potencialidades. Se destaca que en todas las dimensiones los rangos favorables predominaron y que se alcanzó solamente en la Dimensión de Medios de Trabajo una debilidad donde se logró el rango de Regular, aunque en muy bajo por ciento (6.7%).

- Las características de la Encuesta aplicada, estableció científicamente la solución al problema identificado y se logró conocer y homogeneizar los criterios de todos los trabajadores sobre el tema de Condiciones de Trabajo y Salud, la que alcanzó un rango de ADECAUDO en las UEB correspondientes a la Empresa de Diseño y Proyecto de la Habana.

RECOMENDACIONES

Socializar en otros contextos e Instituciones, la Encuesta propuesta para lograr la homogeneidad del conocimiento acerca de las Condiciones de Trabajo y de Salud reales, elementos que propicia un ambiente óptimo para el mejoramiento del desempeño y bienestar de los trabajadores.

REFERENCIAS BIBLIOGRÁFICAS

1. Fundación Europea para la Mejora de las Condiciones de Vida y de Trabajo. Dublín. 1990
2. Román, J. Modelo de encuesta para la evaluación de las Condiciones de Trabajo y Salud de los trabajadores. Cuba. 2001
3. Castillo, J. y Prieto, C. Condiciones de trabajo, un enfoque renovador de la sociología del trabajo, Madrid. España. 1990
4. Castillo, J. y Villena, J. Ergonomía, concepto y métodos, Madrid. España. 1998
5. Tenezaca, B., & Villa, P. Condiciones de Trabajo y Salud de los Recicladores del Arenal, Cuenca 2017. Obtenido de http://dspace.ucuenca.edu.ec/handle/123456789/29391
6. Cacua, L., Carvajal, H., & Hernández, N. (10 de septiembre de 2017). Condiciones de trabajo y su repercusión en la salud de los trabajadores de la plaza de mercado la Nueva sexta, Cúcuta. 2017. Obtenido de file:///C:/Users/USUARIO/Downloads/DialnetCondicionesDeTrabajoYSuRepercusionEnLaSaludDeLosTr-6109872%20(1).pdf
7. Mercado, S. Las condiciones laborales y el medio ambiente de trabajo como factores de satisfacción en el trabajador. 2015 Obtenido de file:///C:/Users/USUARIO/Downloads/MERCADO%20ROSANO%202015%20(Mexico)%20%20las%20condicioines%20laborales%20y%20medio%20ambiente%20(1).pdf
8. Capcha, K. Condiciones de Trabajo, Salud y Estilo de Vida en los trabajadores que Laboran en tres Empresas de Transporte, Ñaña, Lurigancho-Chosica, 2019. Obtenido de https://repositorio.upeu.edu.pe/handle/UPEU/1734
9. García Lapa, K. Condiciones Laborales de los trabajadores de limpieza pública de la Municipalidad Provincial de Chupaca. 2018 Obtenido de http://repositorio.uncp.edu.pe/handle/UNCP/4797
10. Nicolaci, M. Condiciones y Medio Ambiente de Trabajo (CyMAT). 2013 Obtenido de http://cienciared.com.ar/ra/usr/3/591/hologramatica08_v2pp3_48.pdf

11. Martínez, L., Oviedo, O., & Luna, C. Condiciones de trabajo que impactan en la Vida Laboral. 2013 Obtenido de http://www.scielo.org.co/pdf/sun/v29n3/v29n3a06.pdf
12. Mallma, a., Rivera, K., Rodas, K., & Farro, G. Condiciones laborales y comportamientos en salud de los conductores de una empresa de transporte público del cono norte de Lima. 2013 Obtenido de https://alicia.concytec.gob.pe/vufind/Record/2075-4000_e546e4988bfc28078b7ff0481556b84a
13. O.I.T. Salud y Seguridad en el Trabajo. Obtenido de https://www.ilo.org/wcmsp5/groups/public/@americas/@ro-lima/@ilobuenos_aires/documents/publication/wcms_248685.pdf. 2014
14. Urrego Angel, P. Entorno Laboral Saludable. Obtenido de https://www.minsalud.gov.co/sites/rid/Lists/BibliotecaDigital/RIDE/VS/TH/entorno-laboral-saludable-incentivo-ths-final.pdf. 2016
15. Ron, M. Hernández R, E. Hernández R, JS. Evaluación ergonómica de actividades en una unidad de procesamiento logístico. Revista Cubana de Salud y del Trabajo. 2023. 24(2): e 402
16. Céspedes Socarras, G M y Martínez Cumbrera, J M. Revista Latinoamericana de Derecho Social. IIJ / UNAM – Un análisis de la seguridad y salud en el trabajo en el sistema empresarial cubano. http://www2.juridicas.unam.mx/2015/12/08/un análisis de la seguridad y salud en el trabajo en el sistema empresarial cubano. 2015
17. Miranda Hernández, Celia, Diseño de un sistema integrado de gestión de calidad, medio ambiente,seguridad y salud en el trabajo en la empresa de plaguicidas "Juan Luis Rodríguez Gómez", tesis en opción al grado científico de Máster en Ciencias Técnicas, Instituto Superior Politécnico "José Antonio Echeverría", Facultad de Ingeniería Industrial, junio de 2012
18. Santana Pascual, Kenia, Diseño e implantación del sistema integrado de gestión de calidad, medio ambiente, seguridad y salud en el trabajo, tesis en opción al grado científico de Máster en CienciasTécnicas, Instituto Superior Politécnico "José Antonio Echeverría", Facultad de Ingeniería Industrial, junio de 2012.
19. Rojas Casas, Ricardo D., Los accidentes del trabajo en la Industria Azucarera de Holguín, tesis presentadaen opción al título académico de

Máster en Matemática Aplicada e Informática para laAdministración, Universidad de Holguín “Oscar Lucero Moya”, Facultad de Ingeniería Industrial,Holguín, 2001.

20. Colectivo de autores. Manual Básico de Seguridad para la PIME. Tipos de Riesgos. 2006 http://tesis.uson.mx>tesis>docs>capitulo3
21. Human Factors. Definición de la Asociación Internacional de Ergonomía. 2000
22. O.I.T. Salud y Seguridad en el Trabajo. Obtenido de https://www.ilo.org/wcmsp5/groups/public/@americas/@ro-lima/@ilobuenos_aires/documents/publication/wcms_248685.pdf. 2014
23. Organización Internacional del Trabajo (OIT). Enciclopedia de la OIT. Edición española publicada por el Instituto Nacional de Medicina y Seguridad en el Trabajo, Madrid. 2001 [acceso 12/07/2022]; tomo I, capítulo 29. Disponible en: https://www.insst.es/documentacion/enciclopedia-oit
24. Gutiérrez Juan Manuel. Ergonomía y Psicosociología en la Empresa, Bilbao. España.2001
25. Cañas y Waern. Ergonomía y Psicosociología aplicada,manual para la formación del especialista, Valladolid. España. 2004
26. ChiangM.y San Martin N. Análisis de la satisfacción y el desempeño laboral en los funcionarios de la Municipalidad de Talcahuano. [En línea] Chile, Santigo de Chile: 2015. [Citado el: 10 de Junio de 2017.] Disponible en:http://www.scielo.cl/scielo.php?script=sci_arttext&pid=S0718-24492015000300001.
27. Crespo Hernández, Leysis Virginia. Gestión de riesgos laborales en entidades encargadas de la construcción y conservación de túneles. Tesis en opción al título de Máster en Ergonomía, Seguridad y Salud en el Trabajo. Mtzas. 2023
28. Ministerio de Salud Pública. Resolución 284/2014 "Listado de enfermedades profesionales". Cuba. 2014
29. VII Congreso del Partido Comunista de Cuba. Asamblea del Poder Popular 2016. Lineamientos de la Política Económica y Social del Partido y la Revolución. Período 2016-2021.La Habana, Cuba(abril de 2016).

30. VIII Congreso del Partido Comunista de Cuba. Asamblea del Poder Popular en Lineamientos de la Política Económica y Social del Partido y la Revolución. I. Modelos de Gestión Económica, Lineamientos Generales.Período 2021-2026.La Habana, Cuba. 2021.
31. Valiente P. Concepción sistémica de la superación de los directores de secundaria básica [tesis doctoral]. Holguín: Instituto Superior Pedagógico "José de la Luz y Caballero". 2001. En Caballero AJ. Estrategia de profesionalización para el desarrollo de la competencia producción intelectual en el docente de enfermería. [tesis doctoral]. La Habana, Cuba: 2015; p.23.
32. Santiesteban ML. Programa educativo para la superación de los directores de las escuelas primarias del municipio playa [tesis doctoral]. La Habana, Cuba: ISPEJV; 2003. En Caballero AJ. Estrategia de profesionalización para el desarrollo de la competencia producción intelectual en el docente de enfermería. [tesis doctoral]. La Habana, Cuba: 2015; p.23.
33. Añorga J. Glosario de términos de Educación Avanzada. La Habana, Cuba: Ceneseda-ISPEJ; 2008. p.20.
34. Añorga J. Glosario de términos de Educación Avanzada. La Habana, Cuba: Ceneseda-ISPEJV; 2008. p.26.
35. Roca Serrano. Armando Román. Modelo de mejoramiento del desempeño pedagógico profesional de los docentes que laboran en la educación técnica y profesional¨. Tesis en opción al grado de doctor en ciencias pedagógicas. Instituto superior pedagógico ¨José de la luz y caballero¨ Holguín. 2001.
36. Parra I. Modelo didáctico para contribuir a la dirección del desarrollo de la competencia didáctica del profesional de la educación en formación inicial [Tesis doctoral].La Habana, Cuba; 2002
37. Santiesteban ML. Programa Educativo para la superación de los directivos de las escuelas primarias Resumen [Tesis doctoral].ISPEJV. 2002. Formato digital. p.6.
38. Valdés H. El desempeño del maestro y su evaluación. Editorial Pueblo y Educación. La Habana, Cuba; 2004 p.58
39. Mulens I. Estrategia educativa para enfermeros en la atención a las pacientes con aborto espontáneo [Tesis doctoral]. La Habana, Cuba; 2012. p.31.

40. Barazal A. Modelo de evaluación de impacto de la maestría en Enfermería en el desempeño profesional de sus egresados [Tesis doctoral]. La Habana, Cuba; 2011.p.27.
41. Valcárcel N. y Añorga J. Proyecto de Estrategia Interventiva de Superación para los profesionales de la educación en las provincias habaneras. Resultado número 1. ISPEJV-DPE. La Habana. 2007.
42. Anónimo. Manual Básico de Seguridad y Condiciones de Trabajo de Renault. 2012
43. Añorga Morales, Julia. Pedagogía y estrategia didáctica y curricular de la educación avanzada. Conferencia. Universidad de Caracas. Venezuela.1997.
44. Valcárcel N y otros. Relaciones esenciales de la Estrategia de Superación (Marco Conceptual). Resultado # 1. Instituto Superior Pedagógico "Enrique José Varona". Facultad de Ciencias de la Educación. Cátedra de Educación Avanzada. Ciudad de La Habana. 2001.
45. U.S. DEPARTMENT OF HEALTH AND HUMAN SERVICES – CDC – NATIONAL CENTER FOR HEALTHSTATISTICS. NationalHealth Interview Survey (NHIS) [online], [citado 22 de febrero de 2007]. Disponible de http://www.cdc.gov/nchs/about/major/nhis/hisdesc.htm.
46. MINISTERIO DE LA PROTECCIÓN SOCIAL. Análisis de la Situación de Salud de Colombia ASIS –COL Periodo 2002-2006. Bogotá: La Entidad, 2007
47. AGENCIA EUROPEA. El estado de la salud y la seguridad en los estados miembros de la Unión Europea. Informe Nacional de España año 1999 [online], [citado 22 de febrero 2007]. Disponible de: http://www.mtas.es/insht/.statistics/inf_osh.pdf
48. INSTITUTO NACIONAL DE SEGURIDAD E HIGIENE EN EL TRABAJO - INSHT (España). Encuestas de condiciones de trabajo. Un análisis comparativo [online], [citado 22 de febrero 2007]. Disponible de: http://www.mtas.es/insht/statistics/ect_intro.htm
49. Organización Iberoamericana de Seguridad y Salud (OISS). Informe Ejecutivo de la Segunda Encuesta Nacional de Condiciones de Seguridad

y Salud en el Trabajo en el Sistema General de Riesgos Laborales de Colombia. MINTRABAJO. República de Colombia. 2013

50. Anónimo. Encuesta Nacional sobre Condiciones de Trabajo, Salud y Seguridad Ocupacional. Consejo Nacional de Salud y Seguridad Ocupacional. Guatemala. 2007

51. Colectivo de autores. Encuesta Salud, Bienestar y Envejecimiento (SABE): metodología de la encuesta y perfil de la población estudiada en la región de las Américas. Rev Panam Salud Publica/Pan Am J Public Health 17(5/6), Organización Mundial de la Salud (OMS). 2005

52. Del Castillo Martín, N P. Percepción de condiciones de trabajo y salud en portadores de VIH. Revista Cubana de Salud y Trabajo;14(1):19-25. Cuba. 2013

BIBLIOGRAFÍA

- Anónimo. Real Decreto 286/2006 sobre ruido laboral. Madrid. España. 2006
- Anónimo. Manual Básico de Seguridad y Condiciones de Trabajo de Renault. 2012
- Anónimo. Condiciones de trabajo en el mundo laboral. 2005 www.ugt.es/campanas/condicionesdetrabajo.pdf
- Añorga Morales, Julia. Pedagogía y estrategia didáctica y curricular de la educación avanzada. Conferencia. Universidad de Caracas. Venezuela. 1995
- Abunza M., Castellanos Y. y otros. ¿Cuál es la productividad de enfermería? [En línea] Colombia: 2010. [Citado el: 11 de Junio de 2017.] Disponible en: http://revistas.unal.edu.co/index.php/avenferm/article/view/12902/13503.
- Castillo, J. y Prieto, C. Condiciones de trabajo, un enfoque renovador de la sociología del trabajo, Madrid. España. 1990
- Castillo, J. y Villena, J. Ergonomía, concepto y métodos, Madrid. España. 1998
- Cañas y Waern. Ergonomía y Psicosociología aplicada, manual para la formación del especialista, Valladolid. España. 2004
- Caceres C., Tavera M. Burnout y Condiciones laborales en Enfermeras y Técnicas de Cuidados Intensivos Neonatales. [En línea] Perú: 2013. [Citado el: 11 de Junio de 2017.] Disponible en web: https://www.google.com.pe/url?sa=t&rct=j&q=&esrc=s&source=web&cd=3&cad=rja&uact=8&ved=0ahUKEwj0ze7KtLrUAhWF5yYKHbU7A9IQFgguMAI&url=http%3A%2F%2Ftesis.pucp.edu.pe%2Frepositorio%2Fbitstream%2Fhandle%2F123456789%2F5099%2FCACERES_PAREDES_CR.
- Cisneros, C. Satisfacción laboral del personal de enfermería y su relación con las condiciones de trabajo hospitalario . [En línea] México: 17 de Noviembre de 2011. [Citado el: 31 de Mayo de 2017.] Disponible en: http://ninive.uaslp.mx/jspui/bitstream/i/3020/4/MAE1ASL01101.pdf.
- Colectivo de autores. Manual Básico de Seguridad para la PIME. Tipos de Riesgos. 2006. http://tesis.uson.mx>tesis>docs>capitulo3
- Congreso de la República del Perú. Constitución Política del Perú. [En línea] Lima: 1993. [Citado el: 15 de Junio de 2018.] Disponible en:

http://www4.congreso.gob.pe/ntley/Imagenes/Constitu/Cons1993.pdf.

- Congreso de la Republica del Perú. Ley del Trabajo del enfermero. [En línea] Lima: 2002. [Citado el: 30 de Junio de 2018.] Disponible en: http://www.essalud.gob.pe/downloads/c_enfermeras/ley_de_trabajo_del_enfermero.pdf.
- Coello Verónica del Rocío. tesis de grado tema: "Condiciones laborales que afectan el desempeño laboral de los asesores de American CallCenter (ACC) del Departamento Inbound Pymes, empresa contratada para prestar servicios a Conecel (CLARO)", Guayaquil – Ecuador. 2014
- ChiangM.y San Martin N. Análisis de la satisfacción y el desempeño laboral en los funcionarios de la Municipalidad de Talcahuano. [En línea] Chile, Santigo de Chile: 2015. [Citado el: 10 de Junio de 2017.] Disponible en:http://www.scielo.cl/scielo.php?script=sci_arttext&pid=S0718-24492015000300001.
- Chiavenato, Idalberto. "Administración de Recusos Humanos" Quinta Edición, el ruido es considerado un sonido inarticulado, por lo general desagradable (Real Academia Española, 22o edición). 1999
- Chiavenato, Idalberto. "Preocupación por el bienestar general y la salud de los trabajadores en el desempeño de sus tareas".1999
- Davis, Keith y John Newstrom. Comportamiento humano en el trabajo. 8ª.Edición,Mc Graw Hill. Interamericana De México. 2003
- Delgado, D. Riesgos derivados de las condiciones de trabajo y de la percepción de salud según el género de la población trabajadora en España. [En línea] España, Madrid: 2012. [Citado el: 30 de Mayo de 2017.] Disponible en: http://dspace.uah.es/dspace/bitstream/handle/10017/18221/TESIS%20DOCTORAL%20RIESGOS%20DERIVADOS%20DE%20LAS%20CONDICIONES%20DE%20TRABAJO%20Y%20PERCEPCION%20SALU%20DE%20TRABAJADORES%20.pdf?sequence=1.
- Diaz B., Yaguara M. Condiciones de Trabajo y Salud del personal de salud que labora en el servicio de urgencias de una Institución Prestadora de Servicios de Salud de IV de Atención en la ciudad de Bogotá. [En línea] Colomia, Bogotá: 2014. [Citado el: 11 de Junio de 2017.] Disponible en web: https://repository.javeriana.edu.co/handle/10554/15534.

- Dubraska, M. Desempeño laboral de los profesionales de enfermería. [En línea] Venezuela: 2005. [Citado el: 30 de Junio de 2018.] Disponible en: http://saber.ucv.ve/bitstream/123456789/1316/1/tesis%20dubraska.pdf.
- Garcia, J. y colaboradores. Autoevaluación de condiciones de trabajo de enfermería en alta complejidad. [En línea] Colombia: 2011. [Citado el: 20 de Octubre de 2017.] Disponible en:
  - https://revistas.unal.edu.co/index.php/avenferm/article/view/35828/37095
- Gamero Maldonado Harold. "La satisfacción laboral como dimensión de la Felicidad" Arequipa, Perú. 2013
- Gutiérrez Juan Manuel Ergonomía y Psicosociología en la Empresa, Bilbao. España. 2001
- Human Factors. Definición de la Asociación Internacional de Ergonomía. 2000
- Ley 31/1995 de 8 de noviembre de Prevención de Riesgos Laborales, Art 4, Apartado 7. 1995
- Martinez E. Evaluación de las condiciones de trabajo en un centro de salud de atención primaria. [En línea] Argentina: 2011. [Citado el: 11 de Junio de 2017.] Disponible e web: http://webcache.googleusercontent.com/search?q=cache:tuzAYfcVlXsJ:sedici.unlp.edu.ar/handle/10915/5510+&cd=1&hl=es&ct=clnk&gl=pe.
- Pereira S. Condiciones y Medio ambiente de trabajo en salud. [En línea] Argentina: 2011. [Citado el: 31 de Mayo de 2017.] Disponible en: http://www.bibliotecacta.org.ar/bases/pdf/BIT04120.pdf.
- Organización de las Naciones Unidas. La declaración universal de los derechos humanos. [En línea] Francia: 1948. [Citado el: 15 de Junio de 2018.] Disponible en: http://www.un.org/es/universal-declaration-human-rights/.
- Oficina del Alto Comisionado para los Derechos Humanos. Pacto Internacional de Derechos Económicos, Sociales y Culturales. [En línea] Francia: 1966. [Citado el: 15 de Junio de 2018.] Disponible en: https://www.ohchr.org/SP/ProfessionalInterest/Pages/CESCR.aspx.
- Organización Mundial de la Salud. 1946
- Ministerio de Trabajo. Ley de Seguridad y Salud en el trabajo N° 29783. [En línea] Lima: 2011. [Citado el: 15 de Junio de 2018.] Disponible en:

https://www.mtc.gob.pe/nosotros/seguridadysalud/documentos/Ley%20N%C2%B0%2029783%20Ley%20de%20Seguridad%20y%20salud%20en%20el%20Trabajo.pdf.

- Ministerio de Trabajo. Norma Básica de Ergonomía y de Procedimiento de Evaluación de Riesgo. [En línea] Lima: 2008. [Citado el: 16 de Junio de 2018.] Disponible en: http://www2.congreso.gob.pe/sicr/cendocbib/con4_uibd.nsf/982841B4C16586C31D05257E280058419A/$FILE/4_RESOLUCION_MINISTERIAL_375_30_11_2008.pdf.
- Soria S. Determinantes del trabajo en el desempeño laboral de los licenciados de Enfermería en el Hospital I EsSalud. [En línea] Perú, Tingo María: 2014. [Citado el: 11 de Junio de 2017.] Disponible en web: http://repositorio.udh.edu.pe/bitstream/handle/123456789/280/SORIA%20MACHUCA%20SAMUEL.pdf?sequence=1&isAllowed=y.
- Soza, L. Cumplimiento de las funciones de la enfermera profesional que labora en un hospital. [En línea] Nicaragua: 2008. [Citado el: 30 de Junio de 2018.]
  Disponible en: http://repositorio.unan.edu.ni/6803/1/t439.pdf.
- Yanarico, R. Proyecto de Ley del Ejercicio profesional del enfermero. [En línea] Lima: 2001. [Citado el: 30 de Junio de 2018.] Disponible en: http://www2.congreso.gob.pe/sicr/tradocestproc/clproley2001.nsf/pley/F622FD8DDBC847CC05256D25005DA100?opendocument.
- Valcárcel N y otros. Relaciones esenciales de la Estrategia de Superación (Marco Conceptual). Resultado # 1. Instituto Superior Pedagógico "Enrique José Varona". Facultad de Ciencias de la Educación. Cátedra de Educación Avanzada. Ciudad de La Habana. 2001

ANEXOS

ANEXO I

Encuesta Condiciones de Trabajo y Salud

Datos sobre la aplicación Fecha: ________ Hora: No encuesta:

Provincia: __La Habana______________ Municipio: ___Plaza_________

Centro: __ENPA__________________________

CI: ___

I- Datos ge nerales sociodemográficos

1-Edad ___

2-Sexo: Masculino (1)_ Femenino (2) ___

3-Color de la piel: Blanco (1) __ Mestizo (2)__ Negro (3)___ Amarilla (4)___

4-Estado civil/pareja: Casado (1)__ Soltero (2)__ Unión consensual (3)__ Pareja estable (4)__ Pareja no estable (5)__ No relación de pareja (6)__

5-Profesión u oficio: ___________________________

6-Actividad o actividades que realiza actualmente

____

7-Cuándo comenzó a trabajar en el cargo, puesto o plaza que ocupa? Año: ___/___ No sé (0) __ No recuerdo (1) __

8-Total de años de trabajo: ______No sé (0) __ No recuerdo (1) __

9-Categoría ocupacional: Operarios (1)__ Técnicos (2)__ Administrativos (3)__ De servicios (4)__ Dirigentes (5)__

10-Seleccione la clase de actividad económica a la que pertenece:

Agricultura, ganadería, silvicultura y pesca (1)__ Explotación de minas y canteras (2)__ Industrias manufactureras (3)__ Suministro de electricidad, gas vapor y aire acondicionado (4)__ Suministro de agua; evacuación de aguas residuales, gestión de desechos y descontaminación (5)__ Construcción (6)__ Comercio al por mayor y al por menor; reparación de vehículos automotores y motocicletas (7)__ Transporte y almacenamiento (8)__ Actividades de alojamiento y de servicios de comida (9)__ Información y comunicaciones (10)__ Actividades financieras y de seguros (11)__ Actividades inmobiliarias (12)__ Actividades profesionales, científicas y técnicas (13)__ Actividades de servicios administrativos y de apoyo (14)__ Administración pública y defensa; planes de seguridad social de afiliación obligatoria (15)__ Educación (16)__ Actividades de atención de la salud humana y de asistencia social (17)__ Actividades artísticas, de entretenimiento y recreativas (18)__ Otras (19)__

11-Situación del empleo: Estatal (1)___ No estatal (2)___

12-De los ocupados no estatales: Cooperativas agropecuarias (1)__ Cooperativas no agropecuarias (2)__ Privado (3)__ Trabajadores por cuenta propia (4)Mipyme (5)___

13-Tipo de contrato de trabajo: Permanente (1) __ Temporal (2) __ Adiestramiento (3)__ Pluriempleo (4)__ Pluriactividad (5)__

14-Si realiza otra actividad laboral remunerada, cuál?__________________

15-Nivel educacional: Primaria o menos (0)___ Secundaria terminada (1)___ Obrero calificado (2)__ Pre-universitario terminado (3)___ Técnico medio (4)___ Universidad (5)___

16-Tenencia de hijos o menores bajo su custodia: Si (1)___ No (2)__

17-Adultos mayores/familiares enfermos o discapacitados a su cuidado: Si (1)___ No (2)__

II-Ambiente e n los lugares de trabajo

18-¿En qué medio realiza su trabajo habitualmente?

Al aire libre (1) __ En un medio de transporte (2) __ En la cabina de un equipo (3) __ En un local semicerrado (4)__ En un local cerrado (5)__ No comprendo (6)__ Otro, ¿Cuál____

19-Calidad de la higiene del lugar de trabajo: Buena (1)__ Regular (2)__ Mala (3)__ No sé (4)__

20-En su área de trabajo percibe ruidos molestos? Si (1) __ No (2) __

20.- De ser afirmativa está presente: Menos de 4 horas (1)__ Más de 4 horas(2)__ 4 horas(3)__

21-Percibe vibraciones durante la realización de su trabajo? Si (1) __ No (2)2__ No sé (3)__

21.1- De ser afirmativa está presente: Menos de 4 horas (1) __ Más de 4 horas (2)_ 4 horas(3)__

22- Exposición a calor en su puesto de trabajo Si (1)__ No (2)__ No sé (3)__

22.1- De ser afirmativa está presente: Menos de 4 horas (1)__ Más de 4 horas(2)__ 4 horas(3)__

23- Percibe exposición a fríoen su actividad laboral? Si (1)__ No (2)__ No sé (3)__

23.1- De ser afirmativa está presente: Menos de 4 horas (1)__ Más de 4 horas(2)__ 4 horas(3)__

24-En su actividad laboral está expuesto a humedad? Si (1)__ No (2)_2_ No sé (3)__

24.1- De ser afirmativa está presente: Menos de 4 horas (1)__ Más de 4 horas(2)__ 4 horas(3)__

25-Iluminación inadecuada en su lugar de trabajo Si (1)__ No (2)__ No sé (3)__

25.1- De ser afirmativa está presente: Menos de 4 horas (1) __ Más de 4 horas(2)__ 4 horas(3)__

26-Exposición a radiaciones: rayos X__ gamma __ radioisótopos__ radiacionesde luz solar__ infrarroja__ microondas__ láser__ No sé __

26.1- De ser afirmativa está presente: Menos de 4 horas (1) __ Más de 4 horas (2) __ 4horas (3) __

27-Manipulacióndesustanciasquímicas durante laactividad laboral? Si (1) _No (2) _ No sé (3) __

27.1- De ser afirmativa, ¿Cuál (es)?________________________________

27.2- Tiempo de exposición?Menos de 4 horas(1)__ Más de 4 horas(2)__ 4 horas(3)__

28- Exposición a riesgo biológico en su actividad. Si (1) __ No (2)__ No sé (3)__

28.1- De ser afirmativa, ¿Cuál? Menos de 4 horas (1) __ Más de 4 horas (2) __ 4horas (3) __

29- Manipula muestras y/o desechos biológicos en su actividad:sangre (1)__ suero (2)__ plasma (3)__ orina(4)__ heces fecales (5)__ líquidos biológicos (6)__ desechos (7)____________ Otros (8)________ No (2)__ No sé (3)__

III- Medios de trabajo

30- El espacio del que dispone UD, para realizar su trabajo lo considera: Adecuado (1) __ Inadecuado (2) __

31- El mobiliario de su puesto de trabajo es: Adecuado (1)__ Inadecuado(2)__

32- Señale, cual (es)equipo (s) o herramienta (s) utiliza UD en su trabajo.

-Herramientas manuales mecánicas (1)__Herramientas manuales eléctricas o neumáticas (2)__Máquinas y equipos industriales, agrícolas o pesqueros (3)__Computadoras o similares (4)__ Paneles e instrumentos de control (5)__Herramientas de oficina (6)__ Equipos eléctricos o electrónicos de oficina (7)__Instrumentos o equipos de medición y control (8)__Equipos eléctricos o electrónicos (9)__Instrumentos de laboratorios (10)__ Otros

____

33- Estado técnico de los instrumentos o equipos que utilizas: Bueno (1) __ Regular (2) __ Malo (3) __ Obsoleto (4)__ Inadecuado (5)__

IV-Condiciones de seguridad

34-Seleccione cuál (es) de los siguientes riesgos de accidentes hay en el trabajo que UD realiza.

-Caída de personas en el mismo nivel (1) __ -Choques eléctricos (2) __

-Caídas de objetos, materiales (3) __ -Quemaduras (4) __

-Infecciones intrahospitalarias (5) __ -Lesiones corto punzantes (6) __

-Mordeduras por animales (7) __ -Intoxicaciones (8) __

-Contaminación por sangre de otras personas (9) __ -Accidentes de tránsito (10) __

-Accidentes de vehículos en el centro de trabajo (11) __ -Incendios (12) __

-Sobre esfuerzos por manipulación de cargas (13) __ Otras (14) ______________________

35-¿Ha sufrido UD algún accidente de trabajo? Si (1) __ No (2) _

36-De existir el riesgo de accidente o incidente, seleccione la(s) causa(s).

-Malas condiciones del lugar (1) __ -Deficiente estado técnico de los medios de trabajo (2) __

-Falta de mantenimiento preventivo en herramientas y máquinas (3)__

-Falta de protección (guarderas) de los equipos (4) __ -Esfuerzos o posturas forzadas (5) __

-Inadecuada organización del trabajo (6) __ -Sobrecarga de trabajo (7) __

-Elevado ritmo de trabajo (8) __ -Jornadas de trabajo extensos (9) __

-Falta de medios de protección personal (10) __ -Mal uso de los EPP (11) __

-Insuficiente información sobre los factores de riesgos (12) __ -EPP en mal estado (13) __

-Problemas en las relaciones humanas en el trabajo (14) __ -No sé (15) __

-Otros (16) ____

V-Tareas de l trabajo

37-Señale como son las tareas que realiza en su trabajo:

-Predominantemente físicas (1) __ -Predominantemente intelectuales (2) __

-Predominantemente emocionales (3) __ -Tanto físicas como intelectuales (4) __

-Tanto físicas como emocionales (5) __ -Tanto emocionales como intelectuales (6) __

-Físicas, emocionales e intelectuales (7) __-No sé (4)__ -No comprendo (5) __

38-¿Debe adoptar posiciones forzadas e incómodas?

Menos de 4 horas (1)__ Más de 4 horas (2)__ 4 horas (3)__ Nunca (4)_

39-¿Debe levantar y/o movilizar cargas pesadas sin ayuda mecánica?

Menos de 4 horas(1)__ Más de 4 horas(2)__ 4 horas(3)__ Nunca (4)_

40- De las siguientes características, cual(es) son propias de su trabajo.

-Tengo que hacer una cantidad excesiva de trabajo (1)__

-Mi trabajo es muy repetitivo (2) __

-Mi trabajo requiere de un alto nivel de habilidades (3) __

-Mi trabajo es variado en cuanto a su contenido, tareas y procedimientos (4) _

-Mi trabajo permite tomar muchas decisiones por mi cuenta (5) __

-Se toma muy en cuenta mi criterio en el trabajo (6) __

-Siempre me falta tiempo para terminar el trabajo (7) __

-Muchos días despierto con los problemas del trabajo en la cabeza (8) __

-Al llegar a casa me olvido fácilmente del trabajo (9) __

-Las personas más cercanas dicen que me sacrifico demasiado por el trabajo (10) __

-No puedo olvidarme del trabajo, incluso por la noche estoy pensando en el (11) __

-Cuando aplazo algo que necesariamente debía hacer, no puedo dormir por la noche (12) __

-No se aplica a mi trabajo (13) __

41-Medio de transporte que utiliza habitualmente para ir y venir del trabajo.

Público (1) __ Propio (2) __ Del centro (3) __ Otros (4) __

42-Tiempo que emplea en total para ir y regresar del trabajo cada día. Horas __ Minutos____

43-¿Con respecto al trabajo que realiza?Por favor, indique con qué frecuencia ha experimentado cada una de las siguientes situaciones durante los últimos seis meses según la siguiente escala de respuesta:Nunca (1) A veces (2) A menudo(3) Casi siempre(4)

- Estás irritable en casa porque tu trabajo es muy agotador

-Te resulta difícil concentrarte en tu trabajo porque estás preocupado por asuntos domésticos. _

-Tus obligaciones laborales hacen que te resulte complicado relajarte en casa. _

-Tu horario de trabajo hace que resulte complicado para ti atender a tus obligaciones domésticas._

-Hay momentos en los que necesitarías estar en la empresa y en casa a la vez?

44- Refiera su situación personal en el trabajo.

- Debido a la gran cantidad de trabajo, a menudo estoy muy apuradoSi (1) __ No (2) _

- Me interrumpen y molestan con frecuencia en mi trabajo Si (1) __ No (2)_

-En mi trabajo tengo mucha responsabilidad Si (1) _ No (2) __

-A menudo, debo hacer horas extras Si (1) _ No (2)

- En los últimos años, el trabajo ha aumentado cada vez más Si (1) __ No (2) __

-Mis superiores y compañeros me dan el reconocimiento que merezco Si (1)__ No (2)__

-En las situaciones difíciles en el trabajo recibo el apoyo necesario Si (1) __ No (2)__

-En mi trabajo me tratan injustamente Si (1) __ No (2) __

-Mis perspectivas de promoción en el trabajo son escasas Si (1) __ No (2)

-Estoy padeciendo –o esperando- un empeoramiento de mis condiciones de trabajo (horario, carga laboral, menor salario, etc.) Si (1) __ No (2) __

-Puedo perder el trabajo en cualquier momento S1 No (2)__

-Teniendo en cuenta mi formación considero adecuado el cargo que desempeño Si (1)No (2) __

-Si pienso en todo el trabajo y esfuerzo que he realizado, el reconocimiento que recibo en mi trabajo me parece adecuado Si (1)_1_ No (2)__

-Si pienso en todo el trabajo y esfuerzo que he realizado, mis oportunidades de promoción en el trabajo me parecen adecuadas Si (1) __ No (2) __

-Si pienso en todos los esfuerzos que he realizado, mi salario me parece adecuado. Si (1) __ No (2) _

VI-Condiciones org anizativ as

45-Horas que trabaja: En el día __ En la semana__

46- Seleccione como es su jornada habitual de trabajo: Diurna (1) __ Nocturna (2) __ Turnos rotativos (3) __ Horariolibre (4) __

47-Seleccione como es la modalidad de trabajo: Presencial (1) __ Semipresencial (2)__Teletrabajo (3)__ Trabajo a distancia (4)__ Trabajo en plataformas digitales (5)__Otros____

48-Recibió información o entrenamiento sobre la labor que realizar cuando comenzó nuevo o se cambió de puesto de trabajo en centro.Si (1)__ Solo al inicio (2)__ Solo cuando cambio (3)__Nunca (4)__

49- Sus funciones en el trabajo son claras y están bien definidas: Si (1) __ No (2) __ No sé (3) __ Algunas si, otras no (4) __ No comprendo (5) __

VII-Ambiente s ocial

50-¿Cuáles de estas características son propias de su trabajo?

En cada una seleccione una de las siguientes expresiones para describirlo:

Muy de acuerdo (1) De acuerdo (2) En desacuerdo (3) Muy en desacuerdo (4)

- Mi jefe(a) se interesa en el bienestar de sus subordinados __
- Mi jefe(a) presta atención a lo que le digo_
- Las relaciones con mi jefe (a) son hostiles o conflictivas__
- Mi jefe(a) es colaborador(a) en la realización del trabajo_
- Mi jefe(a) tiene éxito en hacer que la gente trabaje conjuntamente_
- Las personas con que trabajo son competentes en sus tareas_
- Las personas con que trabajo se toman un interés personal en mí _
- Las personas con que trabajo me son hostiles o conflictivas _
- Las personas con que trabajo son amistosas _
- Las personas con que trabajo me estimulan a trabajar conjuntamente _
- Las personas con que trabajo son colaboradoras en la realización de las tareas _

51- ¿En su centro, se presta atención a los criterios y los problemas laborales de los trabajadores?

Siempre (1) __ Algunas veces (2) __ Frecuentemente (3) __ Nunca (3) __ No sé (4) __ No comprendo (5) __

52-¿En su centro, se presta atención a las necesidades y los problemas personales de los trabajadores? Siempre (1) _ Algunas veces (2) __ Frecuentemente (3) __ Nunca (3) __

No sé (4) __ No comprendo (5) __

VIII-Salud y bienes tar

53-En relación a los exámenes médicos preventivos, cuál de ellos de fue realizado?

Pre-empleo (1) __ Periódico (2) ___ de reintegro (3) ___

54-UD fuma? Si (1) __ No (2) _

55-¿Ingiere UD bebidas alcohólicas? Si (1) __ No (2) __

56-¿Consume UD drogas? Si (1) __ No (2) __

57-Padece UD de alguna enfermedad,
cual(es):___HIPERTENSO___________________________________

58-¿Cómo valora su estado de salud general? Excelente(1) __ Bueno (2) __2Regular (3) __ Malo (4) __ Muy malo (5) __

59- Seleccione cual(es) de las siguientes molestias o enfermedades le aparecen o se agravandurante la jornada de trabajo. En cada una seleccione una de las siguientes expresiones para describirlo: Siempre, Frecuentemente, Algunas veces, Nunca.

Molestias o enfermedades que le aparecen o agrav andurante la jornada de trabajo.	Siempr e	Frecue ntement e	Alguna s veces	Nunca
Dolores en el cuello				
Dolores en la espalda				
Dolores en miembros inferiores				
Dolores en miembros superiores				
Dolor de cabeza				

Problema de la voz				
Trastornos de visión				
Trastornos de audición				
Alteraciones gastrointestinales				
Lesiones de la piel				
Problemas circulatorio				
Alteración de la presión arterial				
Trastornos de los riñones y vías urinarias				
Dificultades en las relaciones sexuales				
Fatiga física				
Fatiga mental				
Temores, miedos				
Tensiones emocionales, estrés				
Depresión				
Irritabilidad				
Trastornos del sueño				
Infecciones				
Alergia				
Intoxicaciones				

60-Recibió certificado médico por enfermedad en el último año. Si (1)__ No(2)__

60.1- Si la respuesta es afirmativa diga: Número de certificados _____ Número de días: ______

ANEXO 2:Consentimiento Informado de las autoridades.

A quien pueda interesar:

Como máxima autoridad de la Institución, autorizo la ejecución de la investigación que tiene como objetivo Evaluar las condiciones de trabajo de los trabajadores en la Empresa de Proyecto y Diseño de la Agricultura (ENPA) en La Habana y cuyo autor goza de un alto prestigio profesional.

La investigación comenzará en el periodo enero del 2023 a mayo del 2024, además utilizará como muestra trabajadores de la Empresa de Proyecto y Diseño de La Habana con las mejores intenciones. En aras de la calidad de los buenos resultados se le ofrece al autor los recursos necesarios para la implementación de su propuesta.

____

Director

Printed by Books on Demand GmbH, Norderstedt / Germany